幼兒生活技巧
感覺統合遊戲

新手父母

U0030587

篇

圖解 28個生活遊戲 + 118個行為改變提案
幫助孩子成長不卡關

OFun 遊戲教育團隊 ◎總策劃

專業職能治療師

林郁雯・柯冠伶・陳姿羽
牛廣妤・林郁婷 ◎合著

適用年齡
0～8歲

CONTENTS

推薦序

❶ 結合臨床經驗，找到孩子生活中不卡關的關鍵／李旺祥 ··· **12**

❷ 對症下藥，用「玩」來幫助孩子發展／吳姿盈 ··· **14**

如何使用本書

參與日常生活，促進孩子基礎能力的發展 ··· **16**

作者序

❶ 掌握大原則，學會小技巧，您就是孩子的最佳拍檔！｜林郁雯 **18**

❷ 每天累積一點點養成超強整合力｜柯冠伶 ··· **19**

❸ 拓展生活經驗，孩子的學習從日常做起｜陳姿羽 ··· **20**

❹ 陪伴孩子一同解鎖生活中的小事｜牛廣妤 ··· **21**

❺ 安頓自己，相信孩子，享受陪伴｜林郁婷 ··· **22**

前言

參與日常生活，促進孩子基礎能力的發展 ··· **24**

CONTENTS

PART **1**

食 **用餐行為**

倒水大王 P.43

問題 1 | 含飯都不吞，一碗飯吃半天！！ · · · · · **34**

親子遊戲 迷宮賽跑 37 | 鏡子鬼臉 38

找找蜂蜜 38

問題 2 | 孩子不會用杯子喝水，易潑灑？ · · · · · **40**

親子遊戲 吸吸乒乓大作戰 43 | 倒水大王 43

問題 3 | 特別挑食，對味道或口感敏感？ · · · · · **44**

親子遊戲 包包水餃樂 48 | 食物賓果 49

問題 4 | 只會用學習筷扒飯，如何學習夾取食物？ · · · **50**

親子遊戲 摘小水果 53 | 小刺蝟朋友 54

咬湯匙撈玩具 P.72

問題 5 │湯匙拿不好，飯粒邊吃邊掉！？ · · · · · · **55**

親子遊戲 一起享用小湯圓 60 │ 黏土刮刮樂 61

問題 6 │端碗、水杯走回座位時，常會傾倒、灑出來！ · **62**

親子遊戲 運送甜筒 66 │ 夾漢堡 67

問題 7 │不愛咀嚼，喜歡吃軟食！ · · · · · · · **68**

親子遊戲 咬湯匙撈玩具 72 │ 吹吹樂 74

吹吹樂 P.74

CONTENTS

PART 2

 衣 穿衣與盥洗

毛毛蟲過山洞 P.79

問題 1 ｜ 穿衣服總是抱怨刺刺不舒服！ ‧‧‧‧‧‧‧ **76**

親子遊戲 ▶ 毛毛蟲過山洞 79 ｜ 觸覺寶藏箱 80

考古學家 81

問題 2 ｜ 常常鞋子穿反都沒感覺！！ ‧‧‧‧‧‧‧ **82**

親子遊戲 ▶ 巨人腳印 85 ｜ 123 箭頭人 86

家事小達人 87

問題 3 ｜ 不會自己穿襪子，或是裡外穿反、前後顛倒！ **88**

親子遊戲 ▶ 精靈襪子帽 91 ｜ 穿襪大賽 91

問題 4 ｜ 手沒力，屁股總是擦不乾淨！ ‧‧‧‧‧‧‧ **92**

親子遊戲 ▶ 快手擦掉黏黏蟲 96 ｜ 除髒小幫手 97

精靈襪子帽 P.91

問題 5 │ 抗拒口腔清潔，不愛刷牙！ ⋅ ⋅ ⋅ ⋅ ⋅ ⋅ ⋅ ⋅ **98**

親子遊戲 ▸ 臉部按摩、口腔按摩 102
食物探險趣＋臉部彩繪 103

問題 6 │ 釦子扣不好，不會壓暗釦！ ⋅ ⋅ ⋅ ⋅ ⋅ ⋅ ⋅ **104**

親子遊戲 ▸ 神秘箱達人 108 │ 蟲蟲過山洞 109

問題 7 │ 衣服經常穿不平整！ ⋅ ⋅ ⋅ ⋅ ⋅ ⋅ ⋅ ⋅ **110**

親子遊戲 ▸ 娃娃穿衣趣 114
我畫身體，你來猜 115

神秘箱達人 P.108

CONTENTS

PART 3

行 日常移動行為

小馬解密 P.139

問題 1 │ 對於樓梯或是手扶梯等會感到緊張害怕。 · · · **118**

親子遊戲 ▶ 小飛機起飛囉！121 │ 青蛙過河 122

問題 2 │ 小孩一直踮腳尖，需要制止他嗎？ · · · · · · · **123**

親子遊戲 ▶ 臭腳丫變香香 126

巨人來囉！蹦蹦蹦！127

暈頭轉向保齡球 128

問題 3 │ 常常抱怨腳痠，走不久！ · · · · · · · · · · · **129**

親子遊戲 ▶ 夾夾小毛球 133 │ 踢踢碰目標 133

蓋城堡 P.145

問題 4 │ 身體軟軟的，能靠就靠，動作跟不上同儕！ ‥ **134**

親子遊戲 ▶ 點名囉！138 │ 小馬解密 139

問題 5 │ 為什麼孩子總會跌倒？ ‥‥‥‥‥‥‥ **140**

親子遊戲 ▶ 跳格子 144 │ 蓋城堡 145

問題 6 │ 平衡不好，走花圃邊台 ‥‥‥ **146**
　　　　　沒幾步就掉下來！

親子遊戲 ▶ 親子瑜珈 149
　　　　　　腳黏腳 123 木頭人 150

親子瑜珈 P.149

CONTENTS

PART 4

生活 其他生活行為

飛天魔毯 P.157

問題 1 ｜小手蠻有力，但擰不乾小毛巾？ · · · · · **152**

親子遊戲 ▶ 飛天魔毯 157 ｜擠黏土 157

問題 2 ｜常常忘記尿尿，到最後一刻來不及尿褲子！ · **158**

親子遊戲 ▶ 我是小木偶 **1** 162 ｜我是小木偶 **2** 163

問題 3 ｜很怕水噴到臉上，討厭洗澡、洗頭！ · · · · **164**

親子遊戲 ▶ 我是拍水節奏王 167 ｜淋水猜一猜 168

問題 4 ｜手總愛到處亂摸！！ · · · · · · · **169**

親子遊戲 ▶ 創意吹風機 173 ｜我的觸覺板 174

跑跳障礙賽 P.180

問題 5 | 經常打翻、撞到周邊的物品或人 ············· **175**

親子遊戲 ▶ 閃躲快手 179 │ 跑跳障礙賽 180

問題 6 | 對環境突然的聲響或較大音量，感到害怕！ ·· **182**

親子遊戲 ▶ 聽聲聯想 186 │ 小小鼓手 187

問題 7 | 對剪頭髮感到排斥和抗拒！ ············· **188**

親子遊戲 ▶ 臉部按摩師 192 │ 我是理髮師 193

問題 8 | 精力旺盛，不容易入睡。 ····· **194**

親子遊戲 ▶ 我的空白遊戲清單 198
　　　　　　親子瑜珈 199

我是拍水節奏王 P.167

結合臨床經驗，
找到孩子生活中不卡關的關鍵

文｜李旺祥
臺大醫院兒童醫院院長、臺大醫院小兒部主任

　　學齡前的孩子各項能力發展快速，其中 0～3 歲更是大腦發展的黃金期，在生活中提供足夠的刺激與陪伴，能促進大腦神經元的連結更加活躍、有效能，對孩子未來的發展至關重要。生活中的大小事包含許多面向的能力，然而大人卻時常忽略其重要性，當孩子面臨挫折與困難時選擇直接幫孩子完成，因而錯失掉許多練習的機會，十分可惜。

　　本書由幾位具多年臨床經驗的兒童職能治療師合作撰寫，統整孩子生活中可能面臨的困擾，以深入淺出的方式說明發展觀察重點、可能的成因與對應策略，並搭配插圖與照片輔助，讓家長可以快速、正確的掌握孩子狀況，是居家育兒的好幫手，值得推薦。

專業間與家庭的合作對於孩子的成長也是相當重要的環節，希望透過分享這本書的內容，讓我們以文字溝通，提供醫療方面的觀點，並期待結合親職與教育現場的經驗共同協助孩子、促進親子共好，找到生活中不卡關的關鍵。

對症下藥，
用「玩」來幫助孩子發展

文｜**吳姿盈**・兒童職能治療師

「育兒，就是每天都在打怪、練功、升等的過程。」

身為兒童職能治療師的我最常被問到的問題，不外乎就是「為什麼孩子無法好好吃飯？」、「為什麼孩子分不清鞋子的左右邊？」、「為什麼孩子常常踮腳尖走路？」等和孩子生活息息相關的問題，當孩子在生活領域上出現困難，讓許多家長每日的育兒生活都多了一些煩惱與困擾。

「了解原因，才能對症下藥。」

每個孩子遇到困難的原因都不同，我很喜歡這本書由許多專業的職能治療師共同整理，把每個問題背後可能的原因都詳盡地列出來，幫助家長重新去思考和檢視孩子遇到的真正困難是什麼，也針對每個問題提出了實用的解決方法，詳細又清晰的文字說明，好讀也好懂。

「從遊戲中學習，讓孩子的成長事半功倍。」

　　除了原因分析和解決策略，每個章節還很貼心地提供了相關的親子遊戲！每個遊戲都是職能治療師從專業的發展知識出發，化成簡單好懂、在家就能執行的小遊戲。當孩子們正處於喜歡「玩」的階段，用「玩」來幫助孩子發展，除了能提高孩子的興趣，更能幫助親子在遊戲中一起交流與互動！

| 如何使用本書 |

● **主題**

孩子各種常見的生活行為狀況。

● **問題描述**

列出與問題相關的行為表現，家長可以勾選並以此檢核孩子是否在生活中真的有狀況。

用餐行為

審查問題表行為

口腔感觀行為

其他生活行為

遊戲行為

學習行為

1 含飯都不吞，一碗飯吃半天！！

- □ 不喜歡咀嚼。
- □ 吃軟不吃硬。
- □ 超過 2 歲但輕常流口水。
- □ 吃一頓飯需要 1～2 個小時。
- □ 吃飯容易分心，邊吃邊玩。

吃飯吃得少、吃得慢經常讓家長擔心發育的問題。在兩歲後通常與成人飲食狀況沒有太大的差異，也比較不會有大量流口水的狀況發生。

原因與影響

吃飯常是家長感到非常頭痛的一件事情，也是經常造成親子衝突的情境之一。一般來說，孩子吃飯吃很慢或是含著飯不吞，主要可分為以下幾種原因。

❶ 不喜歡味道或是口感

吃飯時，對於不喜歡或是沒吃過的東西速度明顯比喜歡吃的東西慢，都有可能是對於味道的喜好較為分明。遇到陌生或是不喜歡的味道容易咀嚼慢慢或是含著不敢吐掉但又不敢吞。

如果對於各種類的食物速度都差不多，但對於進入口中的「量」所產生的差異，有可能是感覺過敏，不知道有食物需要處理進而一直含著。另外，也有可能是喜歡含著食物有東西塞住的感覺，藉由口腔堆積食物來刺激口腔感覺。

❷ 口腔動作能力不足

如果小孩經常流水、嘴巴開開等，有可能是咀嚼能力、口腔張力、肌力或是吞嚥功能部分不足，使得在進食時因容易覺得酸、不想咀嚼，而出現挑口感、懶得嚼咬，或是把食物含在口中不想動，此外，含久了食物的味道也會變得不好吃，因此就更不想咀嚼吞下了！

❸ 吃飯不專心忘記咬

日常生活中注意力時間維持較短，容易分心的小孩，在吃飯時也容易因為情境的干擾，如：電視的聲音，他人的聊天聲，一旁的玩具等，而忘記嘴巴裡有食物產生含著或是忘記吞嚥等情況發生。

❹ 其他生理相關因素

如果是以往不會但最近突然吃飯很慢或是含飯等，有可能是生理因素造成的，如：口腔發炎、牙齦腫痛、扁桃腺紅腫等不舒服的感覺，使得小孩在吃飯時因不想碰觸到會痛的地方，而動作變慢或是不想進食。

試試這樣做

✍ 少量給予

`Point` **不喜歡的味道或是口感可將份量減少**

對於味道比較挑惕的部分，可試試看減少不喜歡的量，少量給予，但並非完全不給，或是讓小孩自己決定今天要挑戰的份量，給予鼓勵減少排斥的行為。如果是感覺過敏或是因為喜歡將食物塞在口腔來感覺刺激的孩子，建議可以減少每一口的份量，另外放一個小盤子桌上，當發現孩子含飯的時候可以一起照鏡子，請孩子看看自己嘴巴腫腫的好像像松鼠一樣，要記得吞下去才不會蛀牙呦！

34

35

● **原因與影響**

以職能治療師的經驗，透過專業分析與歸納，提供問題背後可能的成因。協助大人理解孩子的生活狀況可能和身心發展、感覺統合、環境等因素有關。

● **試試這樣做**

以兒童發展理論為基礎，提供職能治療師常用的策略，讓大人能夠選擇合適的方法來協助孩子。

`Point` 加註訣竅重點

● 親子遊戲這樣玩

每個生活主題都有提供1～2個居家遊戲。將孩子在各項問題中的能力要素轉化為遊戲形式，讓大人可以透過親子遊戲中的材料準備與玩法，累積孩子所需要具備的能力，在互動與遊戲中學習，增進生活行為的表現和參與，改善生活困擾。

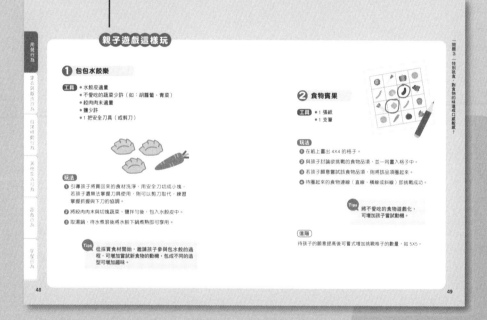

掌握大原則，學會小技巧，
您就是孩子的最佳拍檔！

文｜**林郁雯**・兒童職能治療師

　　孩子從可愛的嬰兒到貓狗嫌的幼兒，再到開始發展自我性格與想法的兒童，無論您是孩子的照顧者、陪伴者或教育者，相信這條育兒路上早已遇到不少的問題、困擾與擔憂。

　　能深刻體會讀者的無所適從，過度約束擔心引發親子衝突，好言相勸卻沒有顯著的改善效果，很多時候大人只想求個解方，看能否快速解決眼前之急，但頭疼的是，孩子的狀況總是不照教養書上走呀！

　　入校服務看見老師在班級經營上費盡苦心，以及家長經常諮詢的多是孩子在家中或特定情境才會出現的問題，每個問題的背後往往受大大小小的原因相互交織所影響，比起深入去探究原因，相信讀者更需要的是獲得嘗試解決的方法，而這也是我們寫這本工具書的用意與用心。

　　衷心感謝能參與這次的書籍撰寫，有幸將自己多年來的經驗跟讀者分享，每個篇幅的「試試這樣做」與「親子遊戲這樣玩」都是值得試試的妙招，幫您建立新的思考方向與學會具體的執行策略，讓您成為孩子成長路上的最佳拍檔！

每天累積一點點
養成超強整合力

文 | **柯冠伶** · 兒童職能治療師

　　資訊傳遞的發達，許多家長及老師對於孩子的發展關注度及敏感度提高，對於感覺統合也有認識。臨床上工作上，經常有家長詢問孩子們日常生活上可能出現的狀況，並希望能夠改善或是加強。這次很開心能夠有機會，與許多厲害的夥伴們一起將這些日常生活中常見的疑問整理成冊，與大家分享其中可能原因以及改善小技巧。

　　希望藉由這些每天都會遇到事情，運用改善的技巧讓孩子每天都能夠練習，每天都能夠更進步，一點一點的累積成超強大腦整合能力，也能讓孩子在日常生活的挑戰中更有成就感！

　　除此之外，書中也提供許多的小遊戲，希望孩子們可以在遊戲有趣的情境中更主動的參與，積極主動的參與才是打開大腦運作的關鍵呦！

拓展生活經驗，
孩子的學習從日常做起

文｜**陳姿羽**·兒童職能治療師

　　我們都希望孩子能學得快、學得好，但學習並不是在上課或做作業時才能進行，生活俯拾之間都是學習的機會，更是未來學習的基礎。

　　在臨床工作多年以來，很常遇到孩子的遲緩來自於後天的刺激或練習機會不足，有些孩子被要求超過年齡的挑戰，屢次挫敗而導致對新挑戰很容易抗拒或逃避，有些孩子則是被保護得太好，很少有自己動手練習的機會，久而久之養成依賴大人協助的習慣，或是因執行品質不佳而常常跟不上同儕。因此，依據孩子的年齡與能力，鼓勵孩子參與日常活動，並給予「剛剛好」的協助對於孩子的發展是非常重要的事。

　　這次很榮幸能與幾位優秀的兒童職能治療師夥伴合作，各自集結在臨床上的經驗、統整出最困擾家長的生活問題，除了提供兒童發展知識與背後成因，也設計了對應的居家練習方案，希望幫助家長多一項實用工具可以參考，在育兒路上不孤單。

陪伴孩子一同解鎖生活中的小事

文｜**牛廣妤**・小樹職能治療所所長

　　離開醫院、走入社區，當臨床工作延伸至到宅及到校治療，愈是貼近孩子實際的生活環境，愈深刻感知孩子的學習及成長應從「日常生活」開始。每一項日常生活任務，舉凡持湯匙吃飯、穿襪子、擦桌子等，皆是練習精細操作、粗大動作、協調控制、執行功能、問題解決能力等的好機會，且孩子參與程度愈多，愈可以建立成就感及生活獨立性，亦有助於未來入校的適應能力。但，這世代的生活節奏快，許多大人在孩子面對困難時，急於出手協助，那麼孩子的練習機會便少了很多，此外依賴性更是悄悄地養成。

　　「那……該如何協助孩子呢？」建議大人在提供協助前，先多多觀察孩子嘗試過的方式為何、卡住的點在哪，以口語鼓勵及陪伴，延續孩子重複嘗試的動機及挫折忍受度，倘若仍卡關再逐步提供協助。而協助的時機點、協助的量、協助的技巧可參考本書中統整的策略應用及居家遊戲，希望能協助陪伴孩子成長的大人們，一同從做中學、從玩中培養基礎能力。

　　萬分感謝這次的機會，與多位有經驗的兒童職能治療師共同策劃、出版本書，濃縮了大夥兒的臨床實務精華。生活中的小事，也是最重要的事，期待這本書能盡點小小的力量，幫助到需要的人。

安頓自己，相信孩子，享受陪伴

文│**林郁婷**·兒童職能治療師

　　想要跟翻閱此書的你說：「安頓自己，相信孩子，享受陪伴。」

　　從呱呱落地，我們便不斷發展和堆疊著不同的人生角色。不同的角色轉變和體驗，雖讓生活更加有滋有味，卻也容易讓人感到徬徨無助。尤其是身為父母、照顧或教養擔當者，面對著眼前的半獸人（或一群），實在是又愛又氣。有時候愈著急不解，孩子行為反而愈發不可收拾，我們也就愈容易感到挫敗和自我懷疑。

給身為「家長」的你──

　　在翻開本書的現在，你或許已經試過許多方式但始終遭遇瓶頸，本書透過食、衣、玩、學、行、其他的分類，針對生活中常見的狀況，幫助你更加完整地了解孩子的發展，和那些藏在行為和情緒背後的原因。

給身為「老師」的你──

　　透過深入淺出的專業知識分享，期待能夠幫助老師更有信心在教學時面對不同發展狀況的孩子。孩子都喜歡被誇讚，需

要我們思考那些故意或不適當的行為是求救訊號還是大人的標準所致？先深呼吸、觀察、調整方式，給孩子更多的耐心、關愛和接納。大人先改變，才能看到孩子的蛻變。

給「你自己」——

本書沒有寫，但我衷心希望你知道：凡事先照顧好自己，重視自己的需求，不只是因為孩子和旁人能從中受惠，更是因為你永遠值得！

教養方法本就會隨著不同的家庭、環境和標準而不同。只要本著初心，保持開放彈性，不要過於比較逼迫甚至審問自己，因為，我們不是完人，請記得永遠要先疼惜自己。

最後，很開心能和志同道合的職能治療師們一起書寫！也謝謝在職能治療師的道路上，信任我陪同過關斬將的孩子和家長們，以及在走入校園提供專業團隊服務時，用心討論調整、散發光熱的老師們，還有謝謝這一路走來的自己，舉步維艱時仍堅定自己的價值，選擇良善溫暖。

我很珍惜，現在也給拾起此書的您一樣的祝福和鼓勵。

參與日常生活，
促進孩子基礎能力的發展

　　身為兒童職能治療師，在醫療院所或居家執行治療時，家長常問及生活瑣事中面臨的大大小小育兒困擾，而這些困擾都圍繞著真實生活，包含食、衣、住、行、學、玩等。隨著孩子慢慢成長、獨立，生活自理的課題顯得重要許多，例如：能不能適當使用餐具，自己吃完一頓飯；會不會區辨衣服正反面，獨立穿好衣服，且微調拉整平順；會不會自己把毛巾擰乾，把臉擦乾淨等。每個任務都包含了許多環節，當孩子無法順利完成任務時，大人有時會心急地及時出手，幫孩子做完。這樣不僅使孩子少了實際練習的機會，也可能易使孩子過度依賴大人。

　　我們常説「從做中學」，其實「參與日常生活」就可以促進許多基礎能力的發展，當面臨困難時，或許我們適時地給孩子一些小撇步，他就可以獨立做好。當孩子知道自己也做得到後，自信心自然會提升，學習的動機當然也就跟著提升。而在給予適當的提示前，大人需要先理解孩子目前的問題為何？本書統整歸納了可能發生的原因，並協助大人判斷孩子的狀態，再提供適當的協助建議，期待與您一同克服日常生活的困境。

生活各項職能有助兒童發展

上述生活中經常發生的狀況，如果大人只以看到的結果去處理，而不瞭解背後的成因，不僅改善效果不佳還會反覆發生，讓人耐心盡失頭大抓狂，最後演變成親子間的衝突和張力來源。像是：對靜不下來的孩子，如果只施以規勸或打罵教育，而不了解其實是孩子的大腦對於「動」的需求還沒被滿足，就無法從根本上去辨識孩子的差異。如此，便不會注意到要安排足夠的運動行程在生活中，孩子衝動的狀況也就治標不治本。

本書的職能治療師們，將協助您：「在引導孩子前，先充權自己。」

針對家長最常詢問的：為什麼孩子總是教不會，軟的硬的都試了，還是一再發生？孩子到底怎麼了？該怎麼做？或是教育第一線老師頭痛的問題，包括：該怎麼引導學習狀態不同孩子？處理策略上該怎麼調整？該如何促進孩子在團體生活中的表現？

我們以專業的兒童發展角度，融合感覺統合架構，以生活情境出發，搭配深入淺出的方式解說各種教養中常見困擾，協助家長和老師先看懂孩子，確實找出原因，事半功倍地將問題迎刃而解。

居家遊戲方案，從玩中學動機 UP

　　書中除了針對孩子的行為提出處理策略外，也提供居家遊戲方案讓照顧者參考，對於小孩來說最重要的職能便是「遊戲」，在成長的過程中透過「玩」來探索以及學習新的技能與知識。另外，在學習過程中「動機」十分重要，主動且自發的參與，大腦才會發揮最大的能量來整合以及吸收，主動解決問題或是迎接挑戰會比被動的輸入效果好非常多。透過居家遊戲，在重複單純的練習加上更多的趣味及挑戰，對於孩子而言也更能夠接受或是更感興趣。

　　居家遊戲除了讓孩子更有動機之外，也可以讓親子之間有更深的連結，每週的遊戲時間就像是親子之間的特殊時光，沒有 3C 以及其他事物的干擾，大人認真地觀察孩子的進步或是困難，一步一步慢慢引導或是加深難度，小孩也會從中感受到關愛與溫暖而更加努力嘗試。

　　居家遊戲中除了步驟教學外，也提供難度調整的建議，大人在嘗試的過程中也可以依照小孩的狀況給予不同的難度挑戰，在陪伴期間盡量多鼓勵少批判，陪伴孩子勇敢進行每一個嘗試，相信除了能力的進步外，在情感的連結上也會更加深！

食・衣・行・生活，注意重點

本系列書籍設計結構：生活能力的 6 大向度

在這本書中，我們將孩子的日常分為「食、衣、行與其他生活」四大面向，並將我們在臨床中經常遇到的狀況與家長的困擾分門別類，以兒童發展觀點與兒童職能治療理論為基礎，帶領家長了解各項狀況背後可能的成因與各個年齡階段需要注意的重點，以釐清確切原因進而對症下藥。

此外，並在每篇主題的最後提供居家容易執行的活動方案，將孩子各項問題中的能力要素轉化為遊戲形式，幫助家長在家也可以輕鬆帶領孩子在玩中成長。

親子遊戲：摘小水果
P.53

用餐行為

本單元整理出 7 項孩子在飲食中常見的問題，包含餐具的使用、碗盤杯子的控制、挑食與偏食問題等，提供策略以幫助孩子順利進食喝水、享受用餐時光。

穿衣與盥洗行為

本單元統整 7 項與穿脱衣物以及盥洗相關的問題，從擦拭屁股、刷牙到穿鞋襪、扣鈕扣、整理儀容，詳細解釋孩子可能做不到或做不好的原因，以改善重要的衛生與儀容問題。

親子遊戲：精靈襪子帽
P.91

日常移動行為

孩子從 1 歲開始能獨立邁出步伐前行，不過有些孩子常抱怨腳痠、容易跌倒或總喜歡踮起腳尖走路讓家長十分擔心，因此本單元整理 6 個常見的移動問題作為家長初步的檢視依據，若仍明顯發現異常，則建議至醫院診所尋求專業協助。

親子遊戲：小馬解密
P.139

生活

其他生活面向

　　除了以上的類別，孩子的日常還有許多常見的狀況也同樣困擾著孩子與家長，因此我們將無法歸類，但重要的問題放在其他中，希望能提供更完整的生活解決方案。

親子遊戲：臉部按摩師
P.192

閱讀前，先了解感覺統合

　　書中提到的專有名詞，也許對家長與老師較為陌生，因此我們挑出幾項常見的專有名詞做解釋，幫助您後面的閱讀更為順利。

前庭覺

　　頭部在空間中有位置的改變，就會產生前庭刺激。常見有上下、左右、前後和旋轉的跳躍或擺盪。主要功能是維持身體平衡以及偵測身體動態，同時也會影響大腦警醒度，當刺激規律且速度緩和時會有舒服的感覺，像是：規律晃動的搖椅，當刺激有加速度、高度或不規則的晃動，像是海盜船或旋轉椅，會給人興奮的刺激感。

警醒度

　　大腦神經系統活絡的程度，讓人能維持在一個清醒的狀態下學習與生活。大腦警醒度低，就會像剛睡醒一樣，對所有事情的接收處理都慢，容易出現動作慢吞吞、反應慢、常發呆的情形；反之警醒度過高，則會讓人對一點風吹草動都感到不適，表現出焦慮、緊張、坐立難安，甚至害怕的狀況。

肌肉張力

　　人體肌肉中有一種內在的彈性張力，在靜止時負責維持肌肉形狀、抵抗地心引力，提供肌肉與關節穩定性，是姿勢維持與動作起始的重要基礎；就像沒有受到外力干擾的橡皮筋仍保有一定的鬆緊度。肌肉張力低會給人一種軟軟沒有力氣的感覺，常伴隨肌力不足或肌耐力不佳的問題，孩子能躺就不想坐、能坐就不想站或走路容易疲累。

本體覺

　　透過肌肉、肌腱、關節的感覺回饋，讓我們可以清楚自己身體的位置、身體處在什麼姿勢下、與周遭環境距離的掌控和做事的力道拿捏，使人能做出一連串流暢的動作。好的本體覺不需要視覺輔助也可以將動作做好，如不需要眼睛看就可以把釦子扣好。若本體覺整合欠佳，則會無法覺察動作上的問題，出現經常碰撞到他人，給人動作笨拙、做事魯莽的感受。

感覺閾值

　　啟動感覺刺激的開關稱為閾值，可想成是一個人對感覺接受的程度。對感覺刺激接受度低的人，大腦會將刺激過度解讀，認為是有害、具威脅性的，因此一點點刺激就受不了，屬於感覺過度敏感型，像是不喜歡他人的碰觸或聽到聲音就害怕；反之對感覺刺激接受度高的人，通常感覺較為遲鈍，屬於高閾值，常常撞到東西或受傷也不知道。

感覺尋求

　　如同活動量大的孩子，喜歡衝、跑或跳的感覺刺激，但是當刺激未被滿足，孩子就會自己想辦法找空間跑來跑去、上衝下跳，無論場所適不適合。可以想成孩子肚子餓，大人給的食物不足，而出現自己找飯吃的行為，像是觸覺尋求的孩子，就喜歡到處東摸西摸，用觸摸探索環境。

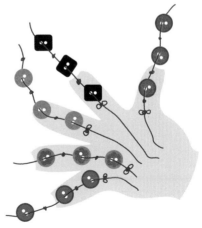

▲ 觸覺尋求的孩子喜歡用觸摸
　探索環境。

重力不安全感

對於不平穩、晃動的平面或有高度遊具感到相當害怕，擔心自己會跌倒。通常這類孩子動作相對謹慎，如無法雙腳同時離地跳躍、無法走在窄面積的平衡木上。

手指分離性動作

前三指的大拇指、食指和中指負責拿工具，形成操作的角色，而後兩指的無名指和小拇指則扮演著穩定工具的角色，就像是拿牙刷或梳子的動作。一個成熟有效率的抓握，代表著負責穩定和操作的指頭是能協調分離做事的。

身體中線

從身體中心畫一條隱形線，將身體區分成左側和右側兩邊，這條線稱為身體中線。一般身體不轉動的狀況下，肢體能輕鬆的跨越身體中線到對側，像是右手去碰左邊的肩膀或拿起左邊的積木。當跨中線出現障礙，會避免做出手伸向對側的動作，而是轉動整個身體來拿東西或直接換手操作，影響慣用手發展與雙側協調發展。

PART 1

用餐行為

用餐行為

穿衣與盥洗行為

日常移動行為

其他生活行為

遊戲行為

學習行為

1 含飯都不吞，一碗飯吃半天！！

☐ 不喜歡咀嚼。
☐ 吃軟不吃硬。
☐ 超過 2 歲但經常流口水。
☐ 吃一頓飯需要 1 ～ 2 個小時。
☐ 吃飯容易分心，邊吃邊玩。

　　吃飯吃得少、吃得慢經常讓家長擔心發育的問題。孩子在兩歲後通常與成人飲食狀況沒有太大的差異，也比較不會有大量流口水的狀況發生。

　　吃飯常是家長感到非常頭痛的一件事情，也是經常造成親子衝突的情境之一，一般來說，孩子吃飯吃很慢或是含著飯不吞，主要可分為以下幾種原因。

原因與影響

❶ 不喜歡味道或是口感

　　如果小孩在吃飯時，對於不喜歡或是沒吃過的東西速度明顯比喜歡吃的東西慢，那有可能是對於味道的喜好較為分明，遇到陌生或是不喜歡的味道容易咀嚼變慢或是含著不敢吐掉但又不敢吞。

　　如果吞各種類的食物速度都差不多，但對於進入口中的「量」產生差異，有可能是感覺遲鈍，不知道有食物需要處理進而一直含著。另外，也有可能是喜歡含著食物有東西塞住的感覺，藉由口腔堆積食物來刺激口腔感覺。

❷ 口腔動作能力不足

　　如果小孩經常流口水、嘴巴開開等，有可能是咀嚼能力、口腔張力、肌力或是吞嚥功能部分不足，使得在進食時因容易覺得痠、不想咀嚼，而出現挑口感、懶得咬，或是把食物含在口中不想動的情形。此外，含久了食物的味道也會變得不好吃，因此就更不想咀嚼吞下了！

❸ 吃飯不專心忘記咬

　　日常生活中注意力時間維持較短、容易分心的小孩，在吃飯時也容易因為情境的干擾，如：電視的聲音、他人的聊天聲、一旁的玩具等，而忘記嘴巴裡有食物產生含著或是忘記吞嚥等情況發生。

❹ 其他生理相關因素

　　如果是以往不會但最近突然發生吃飯很慢或是含飯等，有可能是生理因素造成的，如：口腔發炎、牙齦腫痛、扁桃腺紅腫等不舒服的感覺，使得小孩在吃飯時因不想碰觸到會痛的地方，而動作變慢或不想進食。

試試這樣做

✔ 少量給予

> **Point** 不喜歡的味道或是口感可將份量減少

　　對於味道比較挑惕的部分，可試試看減少不喜歡的量，少量給予，但並非完全不給，或是讓小孩自己決定今天要挑戰的份量，給予鼓勵減少排斥的行為。如果是感覺遲鈍或是因為喜歡將食物塞在口腔來感覺刺激的孩子，建議可以減少每一口的飯量，另外放一個小鏡子桌上，當發現孩子含飯的時候可以一起照鏡子，請孩子看看自己臉頰鼓鼓的好像松鼠一樣，要記得吞下去才不會蛀牙呦！

用餐行為

穿衣與盥洗行為

日常移動行為

其他生活行為

遊戲行為

學習行為

✅ 提升咀嚼能力

Point ▶ 藉由不同的口腔動作遊戲增加肌力以及耐力

　　口腔動作相關的訓練可參考「親子遊戲這樣玩」，利用「吹」的動作來增加雙唇收縮的能力，如：吹泡泡、吹風車等。此外，也可利用咬合練習來增加孩子閉合以及肌耐力的能力，像是給予較大塊的蔬果，如：蘋果、玉米等來練習啃咬的動作。另外，也可以利用不同方向的「舔」來增加舌頭靈活度。若是家長還有其他疑問，或是進食時容易嗆到等等，建議可以尋求語言治療師的協助。

✅ 將環境單純化

Point ▶ 降低用餐環境其他干擾，專心吃飯

　　容易分心的孩子，在進食時會建議吃飯時盡量避免３Ｃ以及玩具等出現在餐桌，同桌進食的家長也可一同培養不插電的吃飯分享時間。另外，對於容易玩食物的部分，也可利用沙漏或是計時器等讓孩子看得到自己吃了多久，通常用餐時間會建議在 30 分鐘左右。

親子遊戲這樣玩

① 迷宮賽跑

工具
- 1 支吸管
- 1 張衛生紙
- 一些黏土或是幾條小毛巾
- 1 個紅色小紙塊

玩法

❶ 用黏土或是毛巾圍出迷宮的軌道，並將衛生紙揉成球狀，以紅色小紙塊標示終點。

❷ 將球放在起點，聽到出發後對吸管吹氣，使紙球前進。比賽看看誰比較快到終點！在過程中要注意吸管不可以碰到球呦！

進階

若想要增將難度可不要使用吸管或是將迷宮的難度增加。

用餐行為

穿衣與盥洗行為

日常移動行為

其他生活行為

遊戲行為

學習行為

親子遊戲這樣玩

② 鏡子鬼臉

工具 ● 1 面鏡子

玩法

❶ 大人與小孩面對面坐著,先從大人出題,做出一個表情或是鬼臉。

❷ 請小孩觀察大人的表情後嘗試做出一樣的表情,並對照鏡子看看做得像不像?成功後換小孩出題由大人模仿。

進階

或者可改成情緒出題,可以準備一套情緒卡,隨機抽出一張情緒詞彙,例如:驚嚇,大人跟小孩一起做出驚嚇的表情並拍照,看看誰做的比較到位!

③ 找找蜂蜜

工具 ● 少許蜂蜜或是果醬
　　　　● 1 支小湯匙

玩法

❶ 請小孩將眼睛閉起來,大人利用小湯匙沾取蜂蜜或是果醬輕輕點在小孩臉部口腔附近。

❷ 開始後請小孩試著把果醬或是蜂蜜舔乾淨,但是不能利用雙手幫忙呦!

HONEY

Tips 如果一開始執行有困難,可以請小孩睜開眼照鏡子後再舔,利用視覺上的提示降低難度。

職能治療師小叮嚀

- 吃飯吃得慢雖然讓父母擔心及惱怒，但要記得吃飯盡量維持輕鬆的氛圍，若是太高壓或是焦慮，小孩可能會害怕被罵，使情緒受影響而讓進食速度變慢或是食慾下降。

- 創造輕鬆的用餐環境，適時利用視覺提示（如鏡子）讓小孩自己發現自己的狀態；但避免使用小點心來引誘孩子吃飯，應讓孩子自己完成該做的事或發現食物的美味。

- 可讓小孩參與一些符合年齡的備餐活動，如：擺放碗筷、從冰箱拿取食材、自己拿取份量、協助攪拌等等，也能提高小孩進食的動機呦！

用餐行為

穿衣與盥洗行為

日常移動行為

其他生活行為

遊戲行為

學習行為

2 孩子不會用杯子喝水，易潑灑？

☐ 手沒有足夠的力氣自己抓握杯子。
☐ 喝水時舌頭需伸出來輔助飲水。
☐ 喝水時需要透過咬住杯緣的方式才不會漏出。
☐ 下唇無法緊密貼合杯緣，水容易從嘴巴漏出。

　　孩子的飲水發展從扶奶瓶開始，慢慢學習運用手部力氣托住，並且控制奶瓶讓嘴巴能穩定吸吮到奶水，慢慢漸進能以有握把的鴨嘴瓶或附吸管的水壺飲水，這時已能穩定對準嘴巴、有效率地喝水，而直到1歲半到2歲才能自行拿水杯喝水。如何檢視孩子是否可以穩定拿水杯喝水呢？

 觀察重點

☐ 自行抓握杯子。
☐ 下唇可以貼合杯緣。
☐ 舌頭保持在口中。
☐ 下顎僅有輕微的動作。
☐ 不太出現灑出或漏的狀況。

原因與影響

❶ 手部力氣不足

若孩子的手部小肌肉力氣不足或是手臂、肩膀穩定度不夠都可能造成孩子無法穩定抓住杯子或控制杯子入口的角度，而有潑灑或翻倒的狀況。

❷ 口腔肌肉力量不足，難以維持圓唇啜飲

嘴唇力氣不足可能與口部口輪匝肌肌力不足有關，若無法維持向中間緊縮的嘴型、將水穩定控制飲入，就可能容易讓水從嘴角流出。

❸ 舌頭控制不佳

若舌頭未能穩定維持在口中，或是因為口腔肌力不足而想用舌頭去控制杯子或水，都可能會影響飲水的品質。

❹ 下顎穩定度不佳

若下巴無法提供好的支持，可能使下唇無法緊密貼合杯緣，水就容易從嘴巴漏出。

試試這樣做

✅ 先從湯匙啜飲開始練習

> **Point** ▶ 從少量的水開始、累積成功經驗

如果孩子拿杯子喝水容易潑灑，不妨從湯匙開始練習。大人可以先協助舀起白開水到孩子面前，高度約比嘴巴低的位置，讓孩子身體

用餐行為

穿衣與盥洗行為

日常移動行為

其他生活行為

遊戲行為

學習行為

向前、低頭啜飲，待孩子能夠穩定飲水不漏，再換成小杯子來練習，水量從少至多給予。要特別留意，大人並非將水直接灌到孩子的口中，而是需要看到孩子的嘴巴有噘起「吸」的動作才能真正練習到口部的控制。

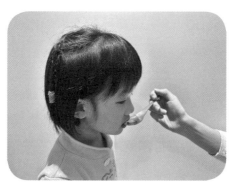

▲ 大人用湯匙舀起白開水到孩子面前，讓孩子低頭啜飲。

✅ 選擇較輕的、附有把手的杯子

> `Point` 幫助孩子更好握，喝水更輕鬆

如果孩子難以握住一般水杯，或是沒有足夠力氣、穩定調整杯子的角度喝完水，建議可以選擇材質較輕的杯子，如 HDPE、PP 塑膠杯相對輕、材質穩定且耐熱。另外，附有雙側、抓握空間大的把手，也能幫助孩子更容易控制。

✅ 練習圓唇施力的動作

> `Point` 訓練孩子口部的力量，加一點樂趣、參與度更佳

孩子嘴唇無法貼緊杯緣、維持圓唇的動作，很容易讓水從嘴角溢出。因此在日常中可以多讓孩子吹造型笛子、哨子，或可以選擇較長、較細的造型吸管，將吸管剪小洞來練習。飲品也能從水狀進階到濃稠狀的液體，讓孩子需要花更大的力氣吸吮以練習唇部的力氣與控制。

親子遊戲這樣玩

❶ 吸吸乒乓大作戰

工具
- 1 支粗吸管
- 1 顆乒乓球

玩法
❶ 將粗吸管洗淨、剪半備用。

❷ 請孩子以吸管吸氣，並引導孩子用吸管吸住乒乓球。

❸ 原地嘗試看看確認是否可將乒乓球吸住。

進階

請孩子挑戰吸著球往前走，過程中不能以手輔助，與孩子比賽看看誰可以走比較遠呢？

❷ 倒水大王

工具
- 2 個塑膠杯（容量相同）

玩法
❶ 在其中 1 個杯子裝入 1/2 的水。

❷ 請孩子一隻手拿裝水的杯子、另一隻手拿空杯。

❸ 將杯子中的水倒至空杯中，完成後再倒回去，重複數次。和爸媽比賽看誰的杯子裡剩的水比較多就是倒水大王。

Tips 倒水時杯緣不能相靠，經由倒水動作，練習手部力量、協調與控制。

用餐行為

穿衣與盥洗行為

日常移動行為

其他生活行為

遊戲行為

學習行為

3 特別挑食，對味道或口感敏感？

☐ 特別不愛吃某一類的食物
  （如討厭蔬菜、肉、飯等）。
☐ 對食物的氣味或口感很敏感。
☐ 對嘗試新的食物容易排斥。
☐ 總是要剁得很碎、調味很重或是煮很爛才願意吃。

　　遇到孩子有挑食或是偏食的情況，父母總擔心孩子會營養不均衡或不足，使用餐時間演變為家庭大戰。其實孩子少量挑食或無法立即接受新食物是非常正常的，只要定期追蹤生長曲線沒有異常，就不需要過度擔心。

挑食和偏食怎麼區分？

　　「挑食」與「偏食」代表著對於食物的選擇性攝取，二者間是否有區別？孩子有哪些挑／偏食狀況有可能需要立即性處理呢？

	定義	可能表現	例子
挑食	六大類食物中，每一大類食物裡只有特定幾種食物不吃	輕微	·不吃苦瓜和花椰菜，但願意吃其他青菜。 ·不吃飯，但願意吃麵。
偏食	嚴重的挑食，六大類食物中某一類完全不吃，以致於營養不均衡	嚴重，須立即就醫處理	·完全不吃菜。 ·完全不吃蛋、肉、魚。

原因與影響

❶ 先天味覺或口感的偏好

　　每個人對於味道口感都會有偏好，當孩子不喜歡某種食物，可以觀察是因為不喜歡吃起來的味道（味覺）還是吃起來的口感（觸覺）。

❷ 早期口腔經驗缺乏，未適時添加副食品

　　當孩子早期沒有嘗試過母奶／配方奶粉以外的食物，未透過添加副食品來慢慢累積對口感、味道的經驗，可能使孩子口腔較為敏感，待長大要銜接吃一般的飯菜或肉時會需要更長的時間適應；也因為缺乏咀嚼的練習，可能造成孩子口腔肌肉無力或協調性不佳的表現。

❸ 曾有不好的經驗連結或照顧者不正確的用餐期待

　　據研究，大部分嚴重挑食或偏食並非與生俱來的，多半是照顧者對於孩子過度或不正確的用餐期待而強化了孩子挑食的情形。例如：用懲罰、謾罵、羞辱的方式逼孩子吃多一點、吃不喜歡的食物或硬要吃完過度的量，尤其在發展自主的階段若是使用高壓或限制的做法，為滿足對於自主發展的需求孩子就容易轉變為抗拒食物。

❹ 不良的飲食習慣

　　若孩子習慣在非正餐時間吃很多零食、飲料或是邊吃邊配電視、平板，很容易導致孩子沒有動機用餐，當然也就更難要求孩子聚焦並嘗試新的食物。

用餐行為

穿衣與盥洗行為

日常移動行為

其他生活行為

遊戲行為

學習行為

試試這樣做

✅ 嘗試新食物鼓勵不強迫

> **Point** ▶ 營養均衡，不要求每樣食物都要吃

　　當孩子第一次嘗試新口感或口味的食物，難免因為不熟悉而抗拒，這是正常的。若嘗試多次孩子還是堅持不吃，家長可以視情況「選擇相同營養的食物取代」或「隔幾天後再嘗試」，千萬不要逼迫孩子而造成反效果！不過，即使孩子短時間不願意再次嘗試，仍須偶爾出現在餐桌上，持續提供嘗試的機會。

✅ 漸進式給予新食物嘗試

> **Point** ▶ 早期提供多元口腔經驗，順利銜接

　　在孩子已經接受或喜愛的食物中，添加切成小塊或少量的新食物，再視孩子的接受度漸進增加，並在孩子成功嘗試後給予大量的鼓勵，可以幫助孩子在嘗試新食物時更順利。也建議在嬰兒時期依據年齡開始添加不同質地、口味的副食品，累積多元的元口腔經驗。

▲ 孩子堅持不吃，家長可以視情況
選擇相同營養的食物取代。

✅ 調整烹飪方式

> **Point▶** 更換不同烹飪方式與調味

食物用煎的、炸的、蒸的、炒的、燉的口感和味道會不同，不同的調味也可能影響孩子對食物的接受度。因此當孩子明顯對某種食物抗拒時，可以換換不同的料理方式，也許就能順利接受。

✅ 從備餐開始邀請孩子參與

> **Point▶** 提供選擇與自主權，自己做的自己吃

當孩子特別討厭的食物即將出現在餐桌上時，不妨邀請孩子加入這道菜的備製，從採買、洗切、烹飪、擺盤都可以依照孩子的能力來分配任務，要切成什麼形狀？要怎麼擺盤才漂亮？當孩子有一起參與或決定的機會，就會比較願意嘗試。

✅ 固定的用餐時間與地點

> **Point▶** 定時、定位，養成良好用餐習慣

可以設定固定的正餐與點心時間，避免在這些時段之外讓孩子進食或喝大量飲料，才能在用餐時間有饑餓的感覺。固定的用餐地點則可以養成良好的用餐習慣，知道這是吃飯的空間，只做與用餐相關的事情，較不容易分心、拖延吃飯時間。

✅ 營造正向輕鬆的用餐情境

> **Point▶** 用餐好印象，提高嘗試意願

責罰、利誘或不符合孩子年齡的用餐規則會造成孩子的壓力而抗拒嘗試。家長可以示範吃新食物並讓孩子跟著模仿，同時給予適應的時間及鼓勵任何一點的嘗試；也可放輕鬆的音樂、輕鬆的聊天，以營造正向的用餐情境與互動，提升孩子的嘗試意願。

用餐行為

穿衣與盥洗行為

日常移動行為

其他生活行為

遊戲行為

學習行為

親子遊戲這樣玩

1 包包水餃樂

工具
- 適量水餃皮
- 少許不愛吃的蔬菜（如：胡蘿蔔、青菜）
- 適量絞肉肉末
- 少許鹽
- 1 把安全刀具（或剪刀）

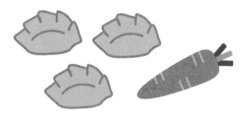

玩法

1. 引導孩子將買回來的食材洗淨，用安全刀具切成小塊，若孩子還無法掌握刀具使用，則可以剪刀取代，練習掌握抓握與下刀的協調。

2. 將絞肉肉末與切塊蔬菜、鹽拌勻後，包入水餃皮中。

3. 取湯鍋，待水煮滾後將水餃下鍋煮熟即可享用。

Tips 從採買食材開始，邀請孩子參與包水餃的過程，可增加嘗試新食物的動機，包成不同的造型可增加趣味。

② 食物賓果

工具 ●1 張紙
　　 ●1 支筆

玩法

❶ 在紙上畫出 4X4 的格子。

❷ 與孩子討論欲挑戰的食物品項，並一同畫入格子中。

❸ 若孩子願意嘗試該食物品項，則將該品項圈起來。

❹ 待圈起來的食物連線（直線、橫線或斜線）即挑戰成功。

 將不愛吃的食物遊戲化，
可增加孩子嘗試動機。

進階

待孩子的願意提高後可嘗式增加挑戰格子的數量，如 5X5。

用餐行為

穿衣與盥洗行為

日常移動行為

其他生活行為

遊戲行為

學習行為

4 只會用學習筷扒飯，如何學習夾取食物？

☐ 拳握學習筷，手抓緊緊的，用學習筷扒飯。
☐ 以拇指及其他四指捏握學習筷。
☐ 吃飯時學習筷易從手中鬆落，拿不穩學習筷。
☐ 夾取食物時過度用力，食物飛走，學習筷呈交叉狀。
☐ 夾取食物、運送到嘴巴時，食物易在中途滑落。
☐ 使用學習筷的夾取控制不順暢，夾取食物時，無法準確瞄準食物做夾取。

　　許多孩子在使用筷子前，會先以學習筷做練習，但是學習筷與筷子的控制技巧是不一樣的。「那還需要以學習筷來練習嗎？」答案是：可以的。

　　因為學習筷練習的是運用前三指（拇指、食指、中指）的控制來操作工具（如右圖）；而使用筷子，需要更為成熟的前三指協調才能完成任務。雖然使用筷子與學習筷的控制技巧不一樣，但學習筷可作為加強手指橈尺側分化能力、前三指肌肉控制的跳板，使孩子更能靈活運用小手，增加筷子學習的成效。

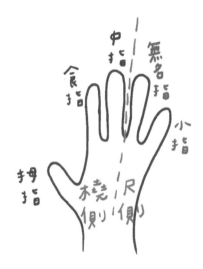

▲ 學習筷練習的是運用前三指的控制來操作工具。

原因與影響

❶ 前三指操控技巧不佳

拇指、食指、中指的前三指抓握，是較為成熟的抓握技巧，也是工具操作能力很重要的基礎。若孩子前三指的操作力量較弱，或是前三指的精細協調較差，都可能會拿不穩而無法有效使用工具。

❷ 手眼協調能力不佳

當視覺訊息與動作協調無法有效整合，手眼協調能力不佳，就容易在日常生活中發生失誤。如孩子看到食物的位置，卻無法有效地控制手部動作，導致出手總是有落差、從食物旁邊滑過，無法準確瞄準位置。

❸ 本體覺整合欠佳

若孩子對於力道控制的本體覺回饋欠佳，也可能會發生一夾東西就飛走、手部動作粗魯且僵硬笨拙，操作工具時過度使力等情形。

❹ 學習筷的抓握位置不恰當

使用學習筷時，若抓握位置太高，較不易使力；而抓握位置太低，則會擋到視線、對不準食物。適切的高度（學習筷的 2/3 處）可以讓孩子更為順暢的使用學習筷（如右圖）。

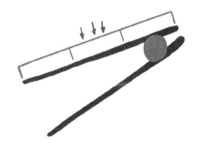

▲ 學習筷的抓握位置。

用餐行為

穿衣與盥洗行為

日常移動行為

其他生活行為

遊戲行為

學習行為

試試這樣做

✔ 提升前三指的操作力量及協調

Point▶ 先備能力升級，工具操作更順暢

提升手部靈巧度，是孩子執行複雜的精細操作任務的先備條件。生活中不妨透過遊戲讓孩子有機會練習小肌肉，如運用曬衣夾遊戲、鑷子操作、轉螺絲等來提升前三指的操作力量及協調，同時加強手部分化能力。

✔ 移除學習筷上過多的物件

Point▶ 工具簡單化讓孩子更直覺的學習操作技巧

學習筷上的輔助圓環，有時會讓孩子以為學習筷的技巧是用力撐開手指，做打開的動作，類似剪刀開闔技巧，但事實上，學習筷打開的技巧是適當控制手放開的協調能力，若放太開則學習筷會從手中滑落。適時將輔助圓環去除，可讓孩子正確學習學習筷開闔的控制協調技巧。

✔ 在學習筷上作記號

Point▶ 以視覺提示讓孩子理解適合的抓握位置

以防水防油的貼紙貼（如姓名貼）在學習筷的 2/3 處（如下圖），提供孩子視覺提示，讓孩子使用筷子時可以更快、更準確的以正確抓握位置使用學習筷。

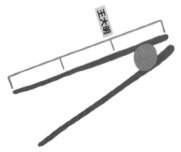

親子遊戲這樣玩

1 摘小水果

工具
- 1 塊黏土
- 少許不同大小的珠子
- 1 雙學習筷

玩法

❶ 將黏土揉成有厚度的長方形，將珠子輕壓固定於黏土上，作為生長在地上的小水果。

❷ 請孩子以學習筷將壓入黏土的小水果一一夾出並進行分類。

❸ 小水果們就順利收成囉！

進階

待學習筷的開闔控制協調較為穩定後，再逐漸將珠子壓深進黏土，增加取出的難度。

Tips 可依照珠子的樣式、顏色、大小等進行分類任務。

親子遊戲這樣玩

② 小刺蝟朋友

工具
- 1 顆觸覺球（刺刺球）
- 數個曬衣夾

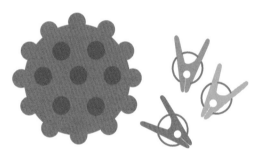

玩法

① 請孩子試著以前三指捏開曬衣夾。

② 把觸覺球將變成一隻小刺蝟吧！請孩子將曬衣夾一一夾上觸覺球的刺上。

進階

可進行雙人比賽，看誰先把夾子夾上去！

Tips 孩子捏開曬衣夾時，若以前三指捏開曬衣夾，較可練習前三指的肌肉力量及協調。

5 湯匙拿不好，飯粒邊吃邊掉！

☐ 大班了，還是拳握湯匙。
☐ 無法好好坐正，常趴在桌上吃飯，導致湯匙上的食物常常掉落。
☐ 使用湯匙時，湯匙會在手中旋轉、鬆落，拿不穩。
☐ 抓握湯匙過度用力，手指頭有壓痕，且抱怨手痠。
☐ 用敲的方式盛裝食物，食物濺滿地。
☐ 舀食物時，手腕過度用力、彎曲，看起來很僵硬、吃力。
☐ 舀起食物、送入口中時，匙面不穩，食物半路掉落。

　　隨著孩子發展愈漸成熟，進食方面從大人餵食，慢慢轉變成以自己的小手抓取食物吃；到了1歲多至2歲，則開始使用湯匙等工具，日常生活裡逐漸想要有更多的自我嘗試，當個小大人。

　　大人切勿因為擔心孩子掉滿地、吃太慢、弄得太髒，而搶著餵，這樣反而剝奪了孩子練習的機會，應放手讓他們試試看！大人可從旁觀察孩子的行為表現哪裡出了問題，並慢慢引導他們獲得成功經驗。

▲ 1～2歲開始使用湯匙等工具。

用餐行為

穿衣與盥洗行為

日常移動行為

其他生活行為

遊戲行為

學習行為

湯匙使用與動作能力

年齡	行為表現	動作能力
1歲~1歲半	可拳握湯匙,將大人舀好的食物送入口中,偶會撞到臉頰。	抓握逐漸有力。
1歲半~2歲	可嘗試自行將食物舀起,偶有潑灑。	手腕動作較為成熟。
2歲~3歲	以拇指、食指、中指抓握湯匙,自行舀起食物,潑灑頻率下降。	側向抓握(lateral pinch)、三指抓握動作較為成熟。
4歲	可自行吃完一碗飯,且舀起流體食物。	手眼協調及手部穩定度能力進步。

原因與影響

❶ 手部抓握能力

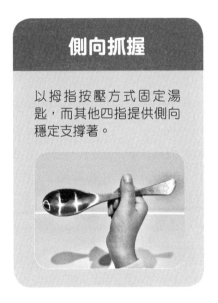

側向抓握

以拇指按壓方式固定湯匙，而其他四指提供側向穩定支撐著。

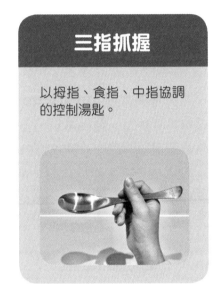

三指抓握

以拇指、食指、中指協調的控制湯匙。

　　隨著動作發展，孩子的手部抓握能力會從輕輕握住，到強而有力的抓握，再進步到手指動作的分化；而抓握能力也開始發展出側向抓握能力、三指抓握能力等。若是手指分化欠佳的孩子，手部靈巧度亦會影響工具操作的穩定性及協調性，可以透過積木、黏土、串珠等操作類型的遊戲來增加手部操作經驗。

❷ 前臂、肩膀穩定度

　　多數操作類的精細活動，皆需要前臂、肩膀穩定度的先備能力，如湯匙舀起，運送食物的過程，所以家長需要特別注意孩子的前臂、肩膀穩定度是否足夠。若穩定度不足的孩子，建議可玩推大球、投擲遊戲、提小水桶等活動，來加強穩定度。

用餐行為

穿衣與盥洗行為

日常移動行為

其他生活行為

遊戲行為

學習行為

❸ 手眼協調能力

　　手眼協調乃是透過眼睛的視覺訊息，傳達到大腦，再由手部執行操作的能力；即手和眼睛一同配合完成任務的能力。倘若手眼協調較不順暢，「瞄準」對於孩子就會比較困難，如以湯匙瞄準食物、將舀起的食物送入口中，都可能面臨困難。

❹ 湯匙型式是否適合

　　入校觀察孩子時，常常發現，手部功能較弱的孩子無法流暢使用現行常見的短、扁小湯匙，且工具愈是扁、小，抓握及操作難度愈高。但為了可以讓湯匙收納入碗中，多數幼兒園的孩子使用下圖右的湯匙，不過以孩子的手部操作能力來說，其實有更理想的湯匙型式讓孩子初步練習湯匙的使用技巧（如下圖左）。

幼兒園孩子常使用的湯匙。

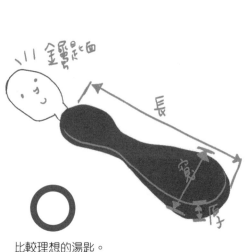

比較理想的湯匙。

試試這樣做

✅ 手帶手引導手腕的動作軌跡

> **Point** 肢體協助讓孩子理解怎麼運用小手

　　提供本體覺的肢體協助，引導孩子理解手腕控制的動作軌跡，例如：大人抓握著孩子的手練習沿著碗內緣做手腕轉動的控制技巧。注意！若手帶手時，孩子的手腕依舊僵硬，多以手肘動作代償的話，大人可協助來回轉動孩子的手腕，溫柔的請孩子「手手放輕鬆」，過於僵硬的手腕，難以作出微調、轉動的動作技巧。

✅ 手肘、前臂支撐於桌面

> **Point** 藉由桌子提供外在穩定度

　　有些低肌肉張力的孩子，常軟軟的趴在桌上，軀幹、肢體無力，影響坐姿穩定度。建議用餐時，可將手肘或前臂倚靠著桌邊，提供外在穩定度，讓用餐時的姿勢擺位維持正中、直立，但注意雙肘切勿太開，不然會變成趴在桌上吃。

✅ 湯匙型式選擇

> **Point** 依孩子能力選擇合適的工具，事半功倍

　　市面上的湯匙型式有很多種，建議選擇「湯匙柄較長、較厚、較寬的」，以利於孩子抓穩工具（如右圖）。

　　或者也可選擇更為符合人體工學的設計，如湯匙柄有凹槽、弧面的，以符合虎口曲面，孩子可以更直覺的抓握好湯匙。較不建議使用塑膠匙面，因塑膠湯匙的匙面通常厚度較厚，不利於孩子將食物鏟起，時常把食物推出碗外。

用餐行為

穿衣與盥洗行為

日常移動行為

其他生活行為

遊戲行為

學習行為

親子遊戲這樣玩

1 一起享用小湯圓

工具
- 3 塊不同顏色的黏土
- 1 支孩子常用的湯匙
- 3 個小碗
- 1 個大碗

玩法

① 親子一起分別將黏土搓揉成不同色的小圓球,當作小湯圓。

② 將同顏色的小湯圓一起放入大碗中。

③ 大人指定的顏色,請孩子使用湯匙將小湯圓分別送到不同的小碗分類。

進階

若抓握湯匙的穩定度佳,可逐漸增加碗的距離,或將黏土更換為大紅豆,增加活動難度。

Tips
- 黏土因質地關係,較少滾動,可增加孩子的成功經驗。
- 過程中,大人可協助調整孩子抓握湯匙的姿勢,以正確方式來練習。

② 黏土刮刮樂

工具
- 1 塊黏土
- 1 支孩子常用的湯匙
- 1 個盤子

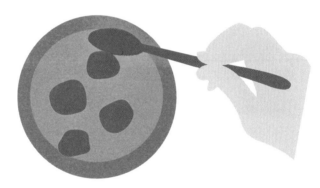

玩法

❶ 親子一起將黏土搓揉成小圓球。

❷ 將圓球壓扁在盤子上，以食指確實按壓，使黏土壓平。

❸ 請孩子使用湯匙，將壓扁在盤子上的黏土刮起。

Tips 以遊戲練習手腕的轉動協調控制。若孩子手腕僵硬，可手帶手引導孩子手腕轉動的動作。

用餐行為

穿衣與盥洗行為

日常移動行為

其他生活行為

遊戲行為

學習行為

6 端碗、水杯走回座位時，常會傾倒，灑出來！

- ☐ 端杯碗行走時，隨著步伐，手的搖晃程度大，東西易灑出來。
- ☐ 眼睛僅可注視手中的杯碗，無法注意周圍障礙，易撞到其他同學或桌椅。
- ☐ 雖專心確認周圍障礙及手中的杯碗的狀態，但杯碗仍會歪斜、傾倒，無法快速覺察碗杯水平面的傾斜狀態，直到東西潑灑才驚覺。
- ☐ 杯碗傾斜時，不知道該如何修正動作，將杯碗端正。
- ☐ 行走速度過快，未注意碗杯內食物的狀態是否已灑出。

原因與影響

❶ 本體覺整合欠佳

　　本體覺是透過肌肉、肌腱、關節的感覺回饋，讓孩子知道手腳的位置、現在的肢體姿勢、使力的力道大小等。若有良好的本體覺，孩子於動作控制的協調度亦會較為流暢，甚至可以透過感覺回饋的訊息降低對視覺的需求，也就是說，眼睛不需要幫忙看，也可以知道小手有沒有把水杯拿好、拿穩。

　　反之若本體覺整合欠佳，則較無法敏感察覺動作上的問題，包含：無法得宜的微調手持物的平衡、無法適切控制力道，在端碗、端水杯上常常會有潑灑狀況產生。

❷ 注意力不足

注意力協助孩子意識到外界狀況且即時作出反應，其中可分成五大類，包含集中性注意力、持續性注意力、選擇性注意力、交替性注意力、分散性注意力。

● ● ● ● ● ● ● ● ● ● ● ● ● **注意力五大類** ● ● ● ● ● ● ● ● ● ● ● ● ●

集中性注意力 focused attention	可意識到外在訊息，且一接收到訊息即做出反應。	如：東西掉了發出巨響，會轉頭去看。
持續性注意力 sustained attention	持續注意一件事或一個物品，維持一段時間。	如：能好好聽完一本讀物。
選擇性注意力 selective attention	在多重且複雜的訊息中，能選擇自己需要的訊息，且忽略其他不重要的干擾。	如：在吵雜的市場裡，可以聽到媽媽在叫自己的名字。
交替性注意力 alternating attention	在不同目標物間轉換注意力，將活動順暢完成。	如：老師讀繪本時，可以跟著老師的指令看繪本，再看海報上的教具，來回切換。
分散性注意力 divided attention	可同時專心於兩項或兩項以上的事物。	如：一邊畫畫、一邊聽媽媽說話且回應媽媽。

用餐行為

穿衣與盥洗行為

日常移動行為

其他生活行為

遊戲行為

學習行為

在端杯碗行走的過程中，孩子需要同時注意手中杯碗的狀態，以及周遭環境，包含：桌椅的位置、移動中的同學等，透過注視的靈活轉換掌握環境訊息，其中分散性注意力及交替性注意力能協助孩子有效地做出反應。倘若注意力不佳，較無法覺察外界訊息、無法意識到手中杯碗狀態、無法在動態環境中避開危險且完成任務。

❸ 衝動控制問題

個性急躁、活動量大的孩子習慣了橫衝直撞，「放慢速度」對他們來說是一個很大的課題。當手中持有杯碗的狀態下，仍無法預測此速度下可能造成的失誤，專心享受著速度帶來的前庭刺激。

試試這樣做

✅ 更換為較重的餐碗

Point 加深本體覺刺激，增加協調穩定度

針對本體覺回饋欠佳的孩子，可更換為較重的餐碗，如較厚的不銹鋼材質。增加餐碗的重量，可提供較多的本體覺刺激，透過肌肉骨骼接收器的傳導，孩子能因應刺激做出適切的動作微調，提升端碗的動作控制穩定度。

✅ 更換為雙耳碗

Point 讓孩子可以更有效地抓握好餐碗

端杯碗時，孩子多數是以雙手扶持碗身、杯身的方式進行（如右圖）。

　　而本體覺整合及協調不好的孩子，需要花費更多的專注力在於維持雙手扶碗的力道平衡，倘若雙側力道不均、雙手扶碗的出力方向不對稱皆可能造成杯碗傾倒。更換使用雙耳碗（如右圖），較利於孩子抓握碗具，當孩子穩當的抓好碗具，擔心碗沒扶好的緊張程度減緩，注意力可分配於觀察周遭動態環境，順利走到目的地。

✔ 縮短行走距離或中間設置休息站

`Point ▶` 從短距離開始練習，提升成功經驗

　　若孩子的注意力尚不足以讓他成功地步行到所需的距離，那麼大人可以嘗試調整孩子的座位或是取餐點，縮短行走距離以提升成功經驗。反覆練習後，再逐漸拉長行走距離，回歸原先的環境配置。或者也可以在原有的行走距離下，設置中間休息站，如擺放一張小桌子，讓孩子可以當中繼站休息，以分段的方式完成任務呦。

✔ 明確告知端湯奔跑的危險性

`Point ▶` 落實行為約定，讓孩子練習自我控制能力

　　針對活動量大、較為衝動的孩子，需要以明確的行為約定，像是：「如果用餐時間可以自己把碗端好，沒有灑出來。」達成後可單次給予獎勵，或待累計一定次數後再給予。目標行為及獎勵方式需於一開始就約定好並確實執行，不一致的標準會讓孩子無所適從，規範難以建立。

　　另外，也需要加強危險宣導，讓孩子知道危險性，收起玩笑心態，畢竟一個不小心可能造成自己或是他人的燙傷，需要慎重說明。

用餐行為

穿衣與盥洗行為

日常移動行為

其他生活行為

遊戲行為

學習行為

親子遊戲這樣玩

① 運送甜筒

工具
● 1 個小口徑塑膠杯
● 1 顆小球
● 3 張小椅子

玩法

❶ 將椅子不規則地排放在地板上。

❷ 請孩子在杯子上盛一顆小球，變成甜筒。

❸ 拿好杯子從起點出發，繞 S 型，穿越所有椅子（障礙物）到終點，且小球不得落地。

進階

待孩子成功率提高後，可增加椅子的數量來增加難度。

Tips 雙手一起拿，或是左手、右手分開練習都可以。

② 夾漢堡

工具
- 2 塊大積木
- 1 顆小球
- 3 張小椅子

玩法

❶ 將椅子不規則地排放在地板上。

❷ 請孩子左右手各個一塊大積木，在兩塊大積木中間夾一顆球，以雙手用力擠壓積木固定，使球不掉落。

❸ 從起點出發，繞 S 型，穿越所有椅子（障礙物）到終點。

進階

待孩子成功率提高後，可增加椅子的數量來增加難度。

Tips 過程中如果孩子的手變成以上下的姿勢來夾漢堡，則需協助孩子將手轉成左右夾，以確實練習雙手力道協調控制及出力方向控制。

用餐行為

穿衣與盥洗行為

日常移動行為

其他生活行為

遊戲行為

學習行為

7 不愛咀嚼，喜歡吃軟食！

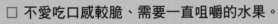

□ 不愛吃口感較脆、需要一直咀嚼的水果。
□ 喜歡吃雞蛋或魚肉，勝過其他需要咀嚼較久的肉類。
□ 食物在口腔停留久，有含飯的習慣。
□ 吃軟質食物時，進食速度明顯增快。
□ 口水經常掛嘴邊或說話清晰度不佳。

　　孩子對食物的喜好，除了味道的選擇外，也會受到「質地」的影響。吃副食品從流質的奶類、泥狀的副食品、半固體的食物，最後到固體的食物，是兩歲前孩子發展咀嚼、咬的口腔動作很重要的階段。

　　吃硬質的食物，除了需要口腔內的牙齒、舌頭的協調動作外，雙頰的肌肉力量也是影響孩子能否「持續」做出咀嚼動作的重要因素；適度吃硬質食物，除了有助於口腔動作與牙齒骨骼的發育外，還能有效刺激大腦的血液循環。試著回想當我們感到疲倦、想睡覺時，吃一條口香糖、QQ 的軟糖或硬的糖果，就達到短暫的提神、警醒與專注效果。同理，對大腦正發育的孩子來說，咀嚼能有效促進循環、活化腦細胞，提升孩子的精神力與學習力，除了帶來均衡的營養，還能提升孩子的正向行為。

▲ 兩歲前是孩子發展咀嚼、咬的口腔動作很重要的階段。

原因與影響

❶ 口腔肌肉張力低下

孩子因為口腔與臉頰周邊的肌肉力量與肌耐力不足，吃硬質食物需要一直咀嚼而覺得嘴巴酸。當咀嚼的刺激少，就像給口腔過多的保護，出現「慵懶」的行為造成口腔肌肉張力低，連帶使孩子的發音和語言表達能力間接的受到影響。

❷ 飲食經驗少或不適應進食環境

若大人習慣將食物剪碎、提供孩子體驗不同食物質地的經驗少、孩子排斥就不再嘗試，或吃飯時允許邊吃邊玩甚至離開座位，因不專心的進食環境而增加含飯的機會。上述行為，均會影響孩子日後上幼兒園的適應力，每天固定的早點心、午餐與午點心，加上食物多元，有許多在家沒嚐過的食物，當進食速度跟不上同儕就會讓孩子備感壓力，間接影響到團體的參與度。

試試這樣做

✅ 增加進食的口感

Point▶ 以軟質食材為基底，加入脆脆、顆粒的食物

給孩子「軟硬兼施」的副食品或點心，像是在優格、布丁、豆花、奶酪裡加入堅果、燕麥脆片、米餅乾或無添加的軟糖。鹹食則是在稀飯、鹹粥裡加入肉鬆、瓜類或塊狀的芋頭、紅蘿蔔或馬鈴薯。建議從點心時間開始，且每日固定一次，先準備一小碗的份量即可，目的是讓孩子對食物好奇，進一步想品嚐。

用餐行為

穿衣與盥洗行為

日常移動行為

其他生活行為

遊戲行為

學習行為

✅ 創造多元的點心餐

> Point → 增加變化性,提升對硬食的接受度

讓孩子享受點心的同時又訓練咀嚼的能力吧!準備棒狀的硬餅乾、脆硬的米果、成分單純的地瓜片、馬鈴薯片或麻花捲,也可在餅乾上塗果醬做成夾心餅乾(以減糖或無糖的果醬為主),或將較脆較硬的蔬果(如蘋果、芭樂、紅蘿蔔)切成細條狀,比較好咬斷來增加嘗試的動機。

✅ 改變烹煮食材的習慣

> Point → 從孩子能接受的食材開始調整起

逐一改變食材孩子才不會因為一下子突然改變過多而抗拒,如副菜的紅蘿蔔、白蘿蔔、海帶、木耳不一定要煮到軟爛,煮到剛好的硬度即可起鍋;至於麵食則可改為Q彈有嚼勁的烏龍麵或蕎麥麵。

▲ 增加變化性,提升對硬食的接受度。

▲ 麵食可改為Q彈有嚼勁的烏龍麵或蕎麥麵。

✅ 調整水果的質地

> Point ► 將水果冷凍，藉由冰刺激提升口腔動作

將孩子喜愛的水果，比如香蕉、木瓜、西瓜、葡萄打成果汁後製作成冰棒，或切成小塊放冷凍庫一段時間，讓孩子享用半冷凍質地的的冰磚小點；或者可以將冰塊攪打至可咀嚼的小碎冰，並添加孩子喜愛的水果，變成好吃的水果刨冰。

✅ 提供帶骨與軟Q的食材

> Point ► 吃飯不怕髒，多讓孩子啃跟嚼

準備小隻的棒棒腿、帶骨的小塊排骨、有嚼勁的魚皮、豬腳、透抽或完整的香菇；以孩子喜愛的口味來調味，像是加入醬油、冰糖提味，或以氣炸鍋製成炸物或在湯頭加入玉米跟蘋果，讓食材有甜味，來增加孩子嘗試的意願。

✅ 陪伴孩子好好吃肉

> Point ► 約定好咀嚼的次數與一餐的份量

提供輕鬆的進食情境，比喻吃肉就像一場闖關遊戲，完成關卡會有陪伴小獎勵。讓孩子一次看見自己要吃的份量，像是五小塊肉就是闖五關，每一關請孩子咬 15 ～ 20 下再吞下肚，藉由視覺與量化的提醒，提升配合的動機。

✅ 建立健康的備食心態

> Point ► 不因孩子幾次排斥就放棄嘗試

先求有再求好，大人應放慢腳步，寧願少量多餐，先讓孩子將碗裡的食物吃完，之後再慢慢增加份量。重點放在願意嘗試而非份量，多鼓勵孩子，給他時間適應。

用餐行為

穿衣與盥洗行為

日常移動行為

其他生活行為

遊戲行為

學習行為

親子遊戲這樣玩

① 咬湯匙撈玩具

工具
- 湯匙：數支不同深淺、面積跟材質的湯匙
- 小物件：一些積木、豆子、彈珠、乒乓球
- 容器：1 個碗、1 個瓶子、1 個盒子、1 個托盤

玩法

❶ 請孩子坐著，以嘴巴咬著湯匙柄，將湯匙固定。

❷ 大人將工具中的小物件放在湯匙上，請孩子轉動脖子及頭，想辦法把它運到各種容器裡。

❸ 看孩子時間內可以撈幾個，或給固定數量，看花多少時間完成。

> **Tips** 中、大班的孩子，可以試著靠自己從碗裡將物件舀出來。

進階

- 改成舀水，用深的湯匙將水慢慢舀到另一個容器裡，盡量不能讓水灑出來。

- 調整工具來改變難度。像是短柄的湯匙相對長柄嘴巴比較好固定。而金屬湯匙比塑膠湯匙還要重得多，所以花的口腔力量就會比較多。

- 大人可因應孩子年紀與口腔動作表現做調整。

用餐行為

穿衣與盥洗行為

日常移動行為

其他生活行為

遊戲行為

學習行為

親子遊戲這樣玩

② 吹吹樂

工具
- 1 顆塑膠小球
- 1 顆乒乓球（或 1 個瓶蓋、1 個紙杯）
- 1 條膠帶
- 1 個籃子

玩法

❶ 用膠帶在地上貼出一個目標範圍和爬行區間。

❷ 請孩子用爬行或匍匐前進的方式將球吹到前方指定的範圍或籃子中。

❸ 若孩子的年紀小（小班）或吹的時候不太會控制球的方向，可改為吹紙杯或瓶蓋。

進階

· 可以拉長距離或改變地面材質，增加球滾動時的阻力，如大理石或木地板→巧拼墊→毛巾，從簡單到困難。

· 也可在目標範圍處放籃子，製造出與地面的高低差。

Tips 遊戲過程中，記得只能用嘴巴，手不可以幫忙，訓練雙頰的肌肉力量。

PART 2

衣

穿衣與盥洗行為

用餐行為

穿衣與盥洗行為

日常移動行為

其他生活行為

遊戲行為

學習行為

1 穿衣服總是抱怨刺刺不舒服！

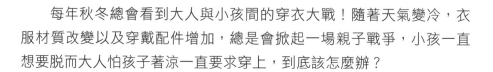

□ 對於衣服材質喜好分明。
□ 衣服的標籤都要剪掉。
□ 不喜歡戴手套、帽子等配件。
□ 可以主動碰觸別人，但不大喜歡被別人碰到。
□ 容易緊張焦慮。

　　每年秋冬總會看到大人與小孩間的穿衣大戰！隨著天氣變冷，衣服材質改變以及穿戴配件增加，總是會掀起一場親子戰爭，小孩一直想要脫而大人怕孩子著涼一直要求穿上，到底該怎麼辦？

原因與影響

❶ 觸覺敏感

　　早上出門時間緊迫，小孩又心情不美麗，對於衣服的觸感、材質、標籤甚至是縫線都不停抱怨。對於觸覺敏感的小孩來說，小小的刺激都是強烈的輸入，在臨床上稱為感覺閾值低，閾值就如同吃飯，有的人吃一些些就會覺得飽，但有的人需要吃很多才會覺得飽；觸覺敏感的小孩就像是非常容易感覺到飽的類型，給予一點點食物（觸覺刺激）便覺得足夠。閾值每個人都不同，且隨著心情、天氣等變化每天也都會有改變。

❷ 日常生活及情緒困擾

除了對衣服的材質抱怨，觸覺敏感的小孩在日常生活中也容易產生困擾，如排斥剪頭髮、刷牙、洗臉等，盡量避免與人有身體接觸的活動或是討厭人多的地方，但卻可以主動碰觸他人或是要求擁抱。另外，遇到討厭的觸感也容易會有類似作嘔或是情緒反應，情緒也會因為觸覺的困擾起伏較大。

▲ 觸覺敏感的小孩不喜歡毛衣的觸感或戴手套、帽子等配件。

試試這樣做

✅ 降低敏感度

Point 循序漸進地給予，降低恐懼以及不適感

遇到討厭或害怕的事物時，若一次提供很多強迫適應，對於孩子來說可能會造成恐懼而產生排斥。感覺統合的理論當中強調的是主動參與，自願以及主動的參與才能誘發大腦啟動並整合，如果是強迫則

容易啟動錯誤，衍變成恐懼與害怕。因此，對於孩子討厭的材質，可以先小面積提供，例如：若討厭毛衣的觸感，則可以先幫娃娃穿毛衣，讓孩子在幫娃娃穿衣服的過程中，主動地接觸並習慣其觸感；或是在毛衣裡先穿一層棉衣，來降低刺激的強度。另外，在日常生活中也可增加類似材質的出現頻率，如將擦手巾、地毯、手帕等換成類似的觸感，讓小孩能夠逐漸的習慣並降低敏感的程度。

此外，增加本體覺刺激（全身出力）的活動也能調節感覺的敏感程度、降低敏感，例如：雙手用力推牆壁、搬重物、跟大人坐姿背對背互擠、擦地板、攀爬等。

✔ 拓展感覺視窗

Point 習慣體驗新事物，降低焦慮感

除了降低敏感度外，有的孩子對於未知或未經驗過的物品較敏感，容易產生防備或是排斥，因此需要經驗多種刺激較不容易緊張，在日常生活中建議給予多種不同的觸感，如使用不同質料的地毯、毛毯或是地墊等。

職能治療師小叮嚀

• 觸覺敏感的孩子容易有情緒起伏，或對於新事物習慣先觀望再行動，這時大人需耐心等待。建議大人可以先示範一次要怎麼玩遊戲，讓小孩了解過程中，並鼓勵及引導，讓孩子循序漸進接觸不喜歡的觸感，避免與恐懼連結。

親子遊戲這樣玩

① 毛毛蟲過山洞

工具 ● 數張不同質感的毛毯

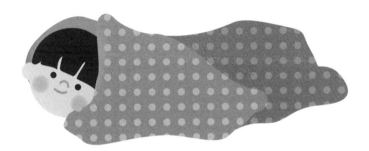

玩法

❶ 請小孩躺下並把雙手貼放於身體兩側。大人利用毛毯把小孩捲起來包裹住，注意小孩的頭要露出來。

❷ 請小孩想像自己是毛毛蟲，想辦法利用蠕動不翻身的方法，逃脫出山洞。

Tips 毛毯的材質選擇種類愈多愈好，建議從孩子最熟悉的材質開始，如平常蓋的棉被。熟悉活動後再逐漸換成孩子平常比較排斥的材質。

用餐行為

穿衣與盥洗行為

日常移動行為

其他生活行為

遊戲行為

學習行為

親子遊戲這樣玩

② 觸覺寶藏箱

工具
- 1 個不透明的置物箱
- 數個不同材質觸感的物品
  （如：金屬鑰匙、菜瓜布、
  手套、海綿、木頭積木等）

玩法

❶ 與小孩一起準備，將各種不同觸感的物品放入置物箱中，讓孩子知道有哪些物品。

❷ 接著請孩子閉上眼睛或是轉過身，將其他物品取出，僅留一樣在箱子裡。

❸ 請小孩伸手進去箱子中摸摸看，並猜猜裡面放的是什麼？

進階

待孩子適應後可增加物品的種類。

> **Tips** 如果孩子會感覺到害怕，可以請小孩先當出題的人，由大人來摸及猜。

③ 考古學家

工具
- 1 個透明的小桶子或是箱子
- 一些乾燥的豆類（如紅豆、綠豆）
- 少量毛線
- 小塊菜瓜布
- 小積木或是小玩具

玩法

❶ 在透明的桶子內倒入紅豆或是綠豆。

❷ 將毛線或是小塊小菜瓜布、小積木或小玩具等物品埋入。

❸ 請小孩扮演考古學家，挖挖看豆子裡埋的是什麼呢？

進階

待孩子較習慣後，可將豆子換成沙子，來提供不同的觸覺刺激。

Tips 如果孩子一開始排斥，可先提供一些簡單的工具，如湯匙或是鏟子來降低防備以及接觸到的面積。

用餐行為

穿衣與盥洗行為

日常移動行為

其他生活行為

遊戲行為

學習行為

2 常常鞋子穿反都沒感覺！！

> □ 左右不分。
> □ 抱怨鞋子不舒服。
> □ 習慣找人幫忙穿。
> □ 穿鞋子時常常不專心，還沒穿好就跑掉了。
> □ 每次穿鞋都穿錯，穿對還會說怪怪的。

孩子真的很神奇，穿鞋時若左右不分，穿錯的機率是一半，但偏偏孩子穿錯的機率很高！有時明明穿對還會換過來，幾乎九成都會穿錯，是撒嬌想要大人幫忙，還是左右完全認知錯誤呢？

一般孩子上了幼兒園後，老師就會要求孩子自己穿脫鞋子，但小班或是中班年紀的孩子，卻經常將左右腳穿錯，或是說每次都穿反，這是為什麼呢？孩子幾歲開始學習穿脫較適當呢？

穿脫襪子與動作能力

年齡	行為表現
12～15個月	可以自己脫掉襪子或是沒有鞋帶的鞋子。
1.5歲～2歲	可以嘗試穿上簡單的鞋子，但不一定會成功或是穿錯腳。
2歲～2.5歲	可以穿上黏扣帶的鞋子，過程中可能需要一些協助。
4～5歲	可以自行整齊地穿上鞋襪且分辨左右腳。

原因與影響

❶ 左右概念還沒有很清楚

孩子對於空間的方向性，也需要時間來發展，一般大約 2 ～ 3 歲可以理解上下，3 ～ 4 歲可以理解前後，5 ～ 6 歲中大班左右則可以區分左與右但還不穩定，到了 6 ～ 7 歲對於鏡像字等才能較為穩定區辨。

❷ 喜歡卡卡的感覺

在幼兒時期，小孩長大的速度很快，家長常常會買稍微大一點的鞋子，再加上左右腳的大小本來就不會完全一樣，所以穿鞋時可能會因為尺寸比較大感覺鬆鬆的，穿錯腳時反而會因為鞋子弧度方向相反，有被卡住的感覺，讓小孩覺得這樣才有穿好，或是覺得這樣感覺很新奇，想要走走看。

❸ 可能不合腳

除了穿錯腳，如果孩子還經常伴隨著抱怨腳痛、不舒服、不想穿等，則可能是鞋子不合腳，有可能是太寬鬆或是某部分會摩擦、擠壓到，反而左右穿反會比較舒服呦！

❹ 穿鞋子不專心

幼兒園小班或中班的年齡，在穿鞋子時仍可能需要視覺上觀察的提示，如果小孩在穿鞋子時總是很急，鞋子往地上一丟看也沒看就把腳伸進去，踩了就跑，那可能是注意力沒有放到穿鞋子這件事情上，導致沒有看而且沒有感覺到穿反的擠壓感。

用餐行為

穿衣與盥洗行為

日常移動行為

其他生活行為

遊戲行為

學習行為

❺ 想要撒嬌

到了幼兒園日漸獨立，但孩子有時候還是會想撒嬌要大人幫忙，有時可能會以穿錯來表達撒嬌，不妨以鼓勵、引導替代直接出手幫忙來讓孩子學習獨立穿鞋。

試試這樣做

✔ 視覺提示

> Point ▶ 藉由額外的提示讓孩子有意識的區分左右

學齡前的孩子，如果出現左右不分等情況還不需要太擔心，但如果到小一仍常常出現類似情形則建議找專業評估找出原因。在建立左右概念上，一開始還是會需要一些視覺上的回饋來提示，如在利用貼紙輔助（圓點或圖案貼紙都可以），將貼紙從中間剪一半，分別貼在鞋子的左腳與右腳；擺放鞋子時如果貼紙可以合成完整的圖案代表左右放對了！反之則要調整。另外，也可以試試看以親子遊戲來建立左右的概念。

✔ 讓動作慢下來

> Point ▶ 溫柔的放慢節奏，讓小孩的大腦慢下來

在注意力的部分，如果小孩穿鞋的動作很急，不妨蹲下來平視小孩的眼睛，慢慢地告訴他「可以慢慢來」、「眼睛注意看一下唷！」，並在穿完時提醒，「踩踩看有沒有不舒服」或是「檢查有沒有穿整齊」等，若是環境太吵雜，口語的指令可能會讓小孩不耐煩，則可以蹲下來拍拍他的肩膀，指向鞋子示意要觀察，透過提示的方式讓小孩的動作慢下來。

親子遊戲這樣玩

① 巨人腳印

工具
- 1 張海報紙
- 2 種顏色的印台（或手指膏或顏料）
- 1 盒蠟筆

玩法

❶ 將爸媽與小孩的腳放在海報紙上，利用蠟筆描繪出大小不同的腳掌外框。將左腳及右腳隨機畫在海報紙各處。

❷ 請小孩區分看看玩法 1 的外框是左腳還是右腳？

❸ 接著指定顏色，如左腳是紅色、右腳是藍色，並用腳掌沾取顏料或是印台在外框蓋章。

Tips 3～4 歲的孩子建議在描繪腳掌外框時，方向一致，如都是腳尖朝上，排列整齊比較簡單。

進階

小孩 5～6 歲或是遊戲熟悉後，則可以旋轉腳掌角度或是隨機來增加難度。

用餐行為

穿衣與盥洗行為

日常移動行為

其他生活行為

遊戲行為

學習行為

親子遊戲這樣玩

② **123 箭頭人**

工具
- 4 張 A4 紙
- 彩色筆或是蠟筆

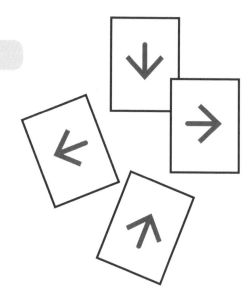

玩法

❶ 分別在 4 張 A4 紙上畫上 4 個方向的箭頭（上、下、左、右）。

❷ 先由大人當鬼，在終於點處背對小孩，小孩當挑戰者，站在起點。

❸ 請小孩朝終點前進，由鬼喊出「123 箭頭人」同時轉身並舉起箭頭牌。這時小孩要停止前進，並依照看到的箭頭方向，將雙手指到相對應的方向。

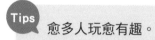

Tips 愈多人玩愈有趣。

進階

在小孩熟悉後，可不使用箭頭牌提示，而是利用口頭喊方向讓孩子指出對應方位。或是增加箭頭牌數量變為兩個，孩子要依照箭頭的方向不同，兩手指到不同的方向。

③ 家事小達人

工具
- 鞋櫃
- 數雙鞋子

玩法

❶ 請孩子將散落一地的鞋子，一雙一雙排列整齊。

❷ 接著放入鞋櫃中，並且注意左右的擺放方向！

Tips 在小孩玩完成後不要忘記給予一個大大的鼓勵。利用參與家事也可以讓孩子從中訓練左右唷！

用餐行為

穿衣與盥洗行為

日常移動行為

其他生活行為

遊戲行為

學習行為

3 不會自己穿襪子，或是裡外穿反、前後顛倒！

☐ 完全無法將襪子套上腳。
☐ 能將已經套在腳板的襪子拉上小腿，但無法自行撐開襪子套上腳板。
☐ 不會翻面襪子，常常裡外穿反。
☐ 不會調整腳跟位置與長度。

　　孩子是否到了 3 ～ 4 歲還需要大人協助穿襪子呢？又或是可以自己穿，但總是把襪子裡外穿反、前後顛倒或是一邊高、一邊低，只好幫著孩子穿或是一遍又一遍地叮嚀。不過到底幾歲應該要開始訓練孩子穿襪子呢？一起來看看孩子的穿襪發展吧！

幼兒穿襪發展

年齡	穿襪能力
9 ～ 11 個月	可以獨立脫掉短襪，長襪仍需少量協助。
12 ～ 18 個月	可以獨立脫掉所有襪子。
2 ～ 2.5 歲	可以將已經套在腳板上的襪子拉上腳跟。
3 歲	可以獨立穿脫襪，但品質可能仍不佳，無法對其腳跟。
4 ～ 5 歲	可以獨立穿脫襪子，不需要任何協助。

原因與影響

❶ 沒有自己穿襪的機會，或缺乏自己穿襪的動機

孩子剛開始學習自己穿鞋、穿襪一定需要時間，若每次出門都沒有預留充足的時間讓孩子練習，很容易因為趕時間，最後變成大人協助完成。孩子缺乏練習的機會，久而久之就沒有進步並很難從中獲得成功經驗。此外，也可能習得「穿得慢，就會有人來幫」的連結而影響自己穿的動機，而使孩子更不願意自己嘗試。

❷ 手指力氣不足

將襪子套上腳板、拉上腳跟與小腿，需要手指的力量來完成。因此，若孩子的力氣不足，很可能會以蠻力的方式拉扯，而未能真正套上小腿。

❸ 不知道如何調整施力方向

很多孩子只知道穿襪子要用力，卻不知道要往哪個方向施力和調整才能成功拉上襪子並調整至適當的位置。

試試這樣做

✔ 預留充足時間讓孩子練習穿脫

Point ▶ 充裕的時間穿脫襪子，大人孩子不焦慮

很多大人希望讓孩子練習自己穿脫襪子，卻沒有預留充足的時間讓孩子嘗試，最後總以大人幫忙穿結束。預留充裕的時間讓孩子練習穿脫是一件非常重要的事，但要求孩子在家無意義的穿脫數次，也可能磨滅親子雙方的耐性，把握「要出門，所以必須穿上襪子」的自然情境，孩子會比較願意配合。

用餐行為

穿衣與盥洗行為

日常移動行為

其他生活行為

遊戲行為

學習行為

✅ 倒向連鎖法法（Backward Chaining）練習穿襪子

Point ▶ 留最後步驟讓孩子自己做，增加成功經驗

穿襪子看似容易，其實隱含好幾個步驟才能完成，包含練習翻至正面拉好、雙手撐開捲收起襪子、將襪子套上腳板、將襪子拉上腳踝、調整襪子位置。大人可以先協助孩子完成前面的步驟，讓孩子只需做最後1～2個步驟襪子即穿好，以增加孩子的成功經驗，使其更有動機繼續嘗試。當孩子已精熟最後的步驟，再回推讓孩子依序嘗試，最後能完成整個穿襪的步驟。

✅ 選擇腳跟有明顯顏色的短襪

Point ▶ 明顯的視覺線索幫助孩子區辨上下與腳跟的位置

對於剛開始練習穿襪的孩子，襪子的方向較難區辨，因此有明顯色塊標示或止滑點的襪子，可以提供視覺線索，讓孩子更容易分辨上下與腳跟的位置。另外，選擇短襪讓初學孩子練習，不容易有一大坨布卡在腳板上，比較有利於孩子施力與方向調整。

▲ 孩子練習穿襪時，可選擇有明顯色塊標示或止滑點的襪子。

親子遊戲這樣玩

① 精靈襪子帽

工具
- 1 個空的寶特瓶
- 1 對立體眼睛貼紙
- 1 雙乾淨的襪子
- 1 支油性筆

玩法

① 在寶特瓶上貼上眼睛貼紙、畫上五官。

② 請孩子幫助瓶子精靈戴上襪子帽，將襪子撐開套在寶特瓶上。

進階

愈寬的瓶身要套上去愈困難，可以依據孩子的能力來調整寶特瓶的寬度。

Tips 愈多人一起比賽愈有趣喔！

② 穿襪大賽

工具 ● 1 雙襪子

玩法

① 將一雙襪子隨意套在一位大人的雙腳上。

② 另一位大人與孩子一同競賽，看誰能最快將襪子調整至正確的位置與方向，誰就為贏家！

用餐行為

穿衣與盥洗行為

日常移動行為

其他生活行為

遊戲行為

學習行為

4 手沒力，屁股總是擦不乾淨！

□ 不會把上衣紮進褲子裡。
□ 手指沒力。
□ 手不喜歡沾到膠水。
□ 不愛玩顏料、黏土。
□ 不怕痛，對傷口敏感度低。

　　哎呀！內褲怎麼又沾到便便了！爸媽頭好大，雖然教了好幾次，但孩子總是做不好，常常隨便抹一抹或是不得要領，即便耳提面命的，還是常常擦不乾淨，或者手總是不小心沾到便便。擦屁股看似簡單的清潔動作，不僅關乎整潔，也影響觀感和人際互動，幫助孩子從小培養良好的自理習慣，還能建立自信心和責任感。觀察看看，孩子除了屁股擦不乾淨，還有沒有其他狀況呢？

原因與影響

❶「本體覺」感知不佳，難定位

　　肛門不是視線可及的器官，要學會擦屁股，首先要先知道肛門口的位置，才能在眼睛看不到的狀況下對準擦拭。如果不清楚肛門口在哪，就會變成亂槍打鳥，連帶影響擦拭的準確性和清潔度。大部分的孩子只需稍加示範，或是帶著孩子的手實際操作一次就會了；但對本體覺不佳的孩子，則如隔靴搔癢，需要更強烈的感覺輸入和明確的動作提醒。

❷ 手指沒有「按壓」的動作

　　許多孩子擦屁股都是用「沾」的，而沒有做出「按壓」的施力動作。用「沾」的方式擦屁股，手指是輕點的；「按壓」則是手指會先朝著肛門口施力，再做出由下往上的力道來完成擦拭。兩種不同的清潔模式，結果大不同，學會手指在按壓下施力移動是擦屁股的小重點；如果孩子總是用沾的方式擦屁股，當然總是擦不乾淨。

❸ 害怕弄髒手

　　在練習的階段，的確一個不小心便便就可能沾到手。有些孩子有過幾次經驗後就會不敢擦，或是為了不弄髒手而用沾的方式擦屁股，特別是觸覺敏感，不愛摸到顏料和膠水的孩子狀況更明顯。怕髒的心情其實一體兩面，有些孩子會為了避免再度發生而更積極的學會技巧，做到滴水不漏；有些孩子則相反，會擔心再度失敗而不敢嘗試。不論哪一面，大人都應避免過度表現出嫌惡反應，加深了便便骯髒的印象，以免適得其反。

試試這樣做

✔ 認識肛門位置和排泄功能

`Point` 熟悉身體部位，不污名化身體，建立身體概念

　　市面上很多的兒童書籍，在引導孩子認識身體部位功能上提供了非常豐富的選擇，也分門別類做許多非常有趣的主題書，像是骨骼、肌肉、血管、各種感官、消化器官等，在顏色、設計和內容上都下足了功夫！採用淺顯易懂的圖文說明，搭配拉、翻、轉、透視、疊加等操作，讓孩子玩中學，馬上融會貫通。不論是孩子自己翻讀或是和大人一起共讀，都能讓孩子逐步認識身體的奧秘。

用餐行為

穿衣與盥洗行為

日常移動行為

其他生活行為

遊戲行為

學習行為

✅ 練習「蹲著」洗屁股

Point 增加回饋感，擦屁股不再亂槍打鳥

洗澡是很好的練習時間，別忘了讓孩子練習自己「蹲著」洗屁股，除了可以重現擦拭的姿勢，也讓孩子藉由洗屁股時提供的觸覺、壓力、溫度，來幫助本體覺較鈍的孩子感受肛門的位置，更能進一步掌握擦拭的準確度。

✅ 手指併攏、指腹施力、由下往上

Point 分析擦拭動作，學會重點事半功倍

擦拭的動作需要「手指併攏」一起施力才能達到清潔效果。觀察孩子擦屁股的時候手指是不是抓著衛生紙輕拂過去而已？試試看，教導孩子以下步驟：1.「手指併攏」2.「指腹壓住肛門」3.「由下往上」擦屁股，每個步驟都可以幫助孩子掌握清潔重點。有些孩子擦屁股是往旁邊擦，稍微調整一下就可以改善囉！如果孩子還不會手指併攏、指腹出力，則可以試試把廚房紙巾對摺成小片，練習擦拭桌上髒污，藉由小塊的接觸面以及移除污漬時需要的力道，自然誘發出「指頭併攏」和「指腹集中出力」的動作。

✅ 善用濕式衛生紙，改善清潔度

Point 多了水分清潔度高，減少糞便殘留

濕式衛生紙真的讓屁屁的舒適度大加分！很多初期還不太會擦屁股的孩子，不論是動作不純熟、對不準肛門位置，還是指頭沒力氣，濕式衛生紙都可以幫忙擦掉大部分的便便。建議在大號後，可以先讓孩子用濕式衛生紙擦 2 次，後續再使用一般衛生紙完成擦拭動作。如此搭配運用，不僅擦拭完成度高，屁屁舒爽乾淨，操作的自信心也建立起來，不失為一個階段性學習的好方法喔！

✅ 確立標準、堅持原則

Point▶ 規則步驟清楚易懂，做事不再馬馬虎虎

如果孩子動作和技巧都沒問題，但總是在內褲上發現便便的蹤跡，這時就要檢視孩子是否因為做事隨便，或者是急著想要去玩而草草了事。那怎樣才叫擦好了呢？首先，給孩子一個明確的標準，如規定擦拭次數、沖馬桶或是記得洗手，針對容易疏忽的部分給予額外要求來改善；另外，要孩子改變行為習慣，大人就必須要有原則，有獎有罰才會越做越好，例如：如果求快讓便便沾到褲子就要自己洗內褲，反之有進步就給予大力鼓勵和肯定。

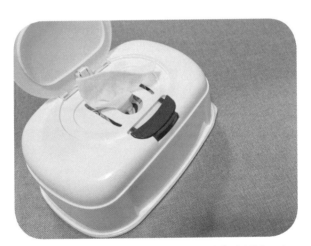

▲ 建議在大號後，可以先讓孩子用濕式衛生紙擦 2 次，
　後續再使用一般衛生紙完成擦拭動作。

用餐行為

穿衣與盥洗行為

日常移動行為

其他生活行為

遊戲行為

學習行為

親子遊戲這樣玩

1 **快手擦掉黏黏蟲**

工具
- 2 張粗面魔鬼氈
- 1 張軟面魔鬼氈

玩法

❶ 將軟面的魔鬼氈，裁成面紙大小拿在手上。

❷ 將 2 片粗面的魔鬼氈，背對背兩面黏起，再剪成各式不同大小和形狀，當成黏黏蟲。

❸ 穿著棉質睡衣褲，或是魔鬼氈可以沾附上的衣物，閉上眼睛，互相在身體的背後、屁股、腿後方，貼上黏黏蟲。過程中感覺黏黏蟲的位置。

❹ 以手上的魔鬼氈將衣物上的黏黏蟲全部黏起來。

進階

手上的軟面魔鬼氈越小塊，難度越高。

Tips
· 黏貼於睡褲上時，可特別施加壓力，讓孩子感受並記住位置。
· 遊戲過程中可提醒「左邊一點」、「右邊一點」幫助孩子定位。

② 除髒小幫手

工具
- 1 張廚房紙巾
- 1 張濕紙巾
- 1 盒水彩
- 1 盒蠟筆
- 1 件雨衣

玩法

❶ 請孩子以水彩、蠟筆在窗戶玻璃門、白板和大垃圾袋上塗鴉創作。

❷ 將廚房紙巾、濕紙巾摺成約三指手指寬大小。

❸ 請孩子練習將手指併攏，用紙巾練習重點擦拭動作，將窗戶玻璃門、白板和大垃圾袋上的水彩塗鴉擦拭乾淨。

Tips 請孩子將食指中指無名指併攏，並以手指立起，指尖施力。

進階

在雨衣上以蠟筆作畫，再用小塊的紙巾擦拭；或沾點肥皂，練習將鞋子上的髒污擦掉；或是拿濕紙巾擦掉手腳、臉上的身體彩繪。

用餐行為

穿衣與盥洗行為

日常移動行為

其他生活行為

遊戲行為

學習行為

5 抗拒口腔清潔、不愛刷牙！

□ 不愛用毛巾洗臉。
□ 討厭觸碰臉頰。
□ 挑食明顯。
□ 嬰兒時期喝奶慢。
□ 常流口水。
□ 被大人餵副食品或飯菜時容易作嘔。
□ 吃東西不愛咬，直接吞。

　　每當要替孩子清潔口腔或刷牙時，就像發起戰爭一樣，孩子不是抵死不從就是哭到聲嘶力竭。好不容易完成清潔，大人心也累了。難道是孩子不愛乾淨不想刷牙嗎？還是技巧不好下手太重？怎麼以前幫大寶刷牙都沒問題，一樣的方法小寶卻這麼排斥，到底是哪個環節出錯？

原因與影響

❶ 口腔敏感度高，對異物進入口腔接受度低

　　不愛刷牙的孩子，十之八九有口腔過度敏感的問題，對食物質地也有特殊的偏好，連帶的容易出現挑食的狀況。舉例來說，紅豆湯軟綿的顆粒感，對口腔敏感的孩子來說卻像沙子，那種食物在口中放大百倍的感覺是很不愉快的進食感受。同理，在過度敏感的狀況下，如果任由他人拿著牙刷放入嘴裡，在無法自行控制力道和位置的狀況下，就很容易誘發不舒服的感受，久了便會出現抗拒的表現。

❷ 舌根高、舌繫帶緊，容易誘發嘔吐

　　有一部分的孩子則因為天生舌繫帶緊，連帶造成舌頭動作受限，舌後根上抬變高，變得不容易吞下食物，出現嬰兒時期喝奶慢、容易嗆到等狀況。一般來說，醫師把壓舌板深入口中往下壓，容易有嘔吐反射；舌根高的孩子，卻只需將餐具或牙刷放在舌頭上就能誘發不舒服的感覺，甚至出現作嘔，不吃特定食物的狀況。

❸ 過往經驗不佳

　　當孩子口腔有上述情形，卻從小被灌奶或強迫餵食，可能造成日後只要開始吃東西，就會出現恐懼的感受。所以當孩子長大能反抗，就會用大哭、頑強不張嘴或吐掉的方式來拒絕不喜歡的食物和餐具。可想而知刷牙也會是一場抗戰，這時大人的挫折感就會開始浮現了。

試試這樣做

✓ 口腔按摩很有效，融入作息輕鬆執行

> Point　降低敏感度，增加對刺激的耐受力

　　有趣的是，即便因為敏感不喜歡被觸碰，按摩卻是絕佳的改善方式。口腔按摩是透過穩定的施力、輕壓、震動，搭配規律性的動作，來達到「減敏感」的功效。首先，按摩時機很重要！選在「洗臉時、刷牙前、進食前」進行按摩，除了不需額外找時間外，還可以立即的改善後續刷牙和進食的表現（按摩方式請參考親子遊戲這樣玩）。

用餐行為

穿衣與盥洗行為

日常移動行為

其他生活行為

遊戲行為

學習行為

✅ 刷牙、進食自己來

> **Point** 自己調控牙刷、餐具的位置和力道、接受度

身為一個口腔敏感人，絕對會知道如何避開不舒服的感覺。孩子動手自己刷，即便不舒服也能接受自己創造出的不適感，耐受度也會跟著大幅提升。另外，一樣是將東西放入口腔，如家中有吃副食品的幼兒，大人更要耐心觀察孩子對食物的接受度，並讓孩子吃完吞下後再給下一口，千萬不要還未吞下就急著餵，而形成強迫餵食的狀況。在副食品時期，大人不妨參考「寶寶主導式離乳」，BLW（Baby-led weaning）的方式，準備不同的食物形狀，像是煮熟的蔬菜條、胡蘿蔔條、花椰菜朵、切塊或切片的水果等，讓孩子主動拿取食物。除了感受不同的大小口感外，還能學到該放多少的食物在口中、手應該把食物放的多深才不會作嘔。而蔬菜棒本身形狀就像是牙刷的前身，孩子邊吃邊探索口腔，未來就不會抗拒刷牙囉！

✅ 刷牙、吃副食品時，湯匙從嘴角進入

> **Point** 避開舌頭，降低不適感

刷牙前先做口腔按摩，一旦口腔適應來自按摩的大刺激後，清潔時的小刺激就不會是困擾；相同地，進食前先按摩口腔，也能大幅改善不舒服感。如果孩子敏感狀況仍明顯，大人可以試著先從嘴角處放進湯匙和牙刷，最後再放到舌頭上，也建議可以更近一步尋求醫療諮詢。

✅ 改變牙刷刷毛、餐具材質

> **Point** 創造舒適的口腔經驗

兩歲的孩子已經和大人吃一樣的食物，只用清水無法將牙齒清潔乾淨，需使用兒童牙膏和牙刷做清潔。兒童牙刷部分，請優先選用刷毛量多且柔軟的牙刷；餐具的選擇上，則避免冷硬的鐵湯匙，選擇矽

膠湯匙或耐熱 PP 材質，減少咬合時的直接回饋感，創造舒適的口腔經驗。

✔ 氣氛開心最重要

Point 營造正向經驗，一次比一次更好

刷牙時，搭配孩子喜歡的音樂和刷牙歌，營造輕鬆的氣氛。先讓孩子自己刷完牙，輪到大人檢查時，可以把過程編成一串順口溜，如「刷掉髒髒蟲，下排開始──左邊刷刷刷 123、右邊刷刷刷 123、前面刷刷刷 123、裡面和上面也刷刷刷 123，乾乾淨淨換上排囉！」能夠幫助孩子了解整個刷牙的流程、過程多久會結束，和現在進行到哪個步驟，接受度也就能慢慢提升。

▲ 刷牙時，搭配孩子喜歡的音樂和刷牙歌，
營造輕鬆的氣氛。

用餐行為

穿衣與盥洗行為

日常移動行為

其他生活行為

遊戲行為

學習行為

親子遊戲這樣玩

① 臉部按摩、口腔按摩

工具 ● 雙手

❶ 口腔外

❷ 口腔內

玩法

❶ **口腔外按摩**：手輕捧孩子臉頰，用大拇指，一路順著額頭、鼻翼、臉頰、口周，穩定地給予一個輕按的滑行力道，重複 3 次。

❷ **口腔內按摩**：請孩子嘴巴張開，大人用乾淨的手指或繞上紗布，從下排的牙齦外側開始，用輕按的力道滑行牙齦，再換內側和上排，最後食指和中指比 V，輕壓地放在舌底的舌繫帶兩旁 10 ～ 20 秒。

Tips
・穩定持續地給予一個輕按的力道；融合作息，在「洗臉時、刷牙前、進食前」進行，改善效果最有感。
・如果孩子不舒服抗拒，可以休息一下再繼續，或是邊哼歌邊按摩，降低不適感。

② 食物探險趣＋臉部彩繪

工具
- 1 根棒棒糖
- 1 瓶果汁氣泡水
- 1 盒臉部彩繪用顏料
- 一些貼紙

玩法

❶ 請孩子吃棒棒糖，邊吃邊將棒棒糖放在舌頭上含住，適應異物感。

❷ 再請孩子試試看，喝一口果汁氣泡水！藉由食物特性，促進孩子適應不同的口腔刺激。

❸ 接著來玩臉部彩繪吧！用手指和畫筆，在臉上彩繪，或是搭配圓貼紙，貼出眼鏡、小丑嘴等造型，增加不同觸覺輸入，好玩又有趣。

Tips 以孩子覺得能接受的強度開始，不強求一次到位，有趣輕鬆好玩最重要。

用餐行為

穿衣與盥洗行為

日常移動行為

其他生活行為

遊戲行為

學習行為

6 釦子扣不好、不會壓暗釦！

☐ 不會用指尖壓扣組裝小積木。
☐ 摺紙時不會沿壓線捏扁。
☐ 拿筆輕飄飄。
☐ 下筆力道輕。
☐ 不會將線穿過剪成多段長短不一的吸管。
☐ 手指尖端捏不起細小的東西，都用指腹辛苦的撿。
☐ 手伸進袋子或箱子裡常撈找不到東西。

　　天氣乍暖還寒，保暖外套在身上脫脫穿穿的，這時孩子不會開扣釦子可就傷腦筋了。扣釦子這日常的動作看似快速簡單，其實很需要指尖抓捏的動作和力氣，也考驗了雙手協調的能力。通常 4 歲的孩子已經具備了自己穿脫上衣、褲子、外套及鞋帽的能力，如果經過了一段時間的教導和嘗試，孩子仍做得很辛苦和挫折，大人要注意孩子是不是有以下幾個狀況呢？

原因與影響

❶ 虎口穩定度不夠，指尖捏壓動作弱

　　扣釦子時，手指要能夠捏住釦子的一小部分而不是整顆釦子，因此指尖的捏壓動作以及虎口的穩定度就很重要了。如同老虎鉗的造型，中心點扮演穩定角色，兩根牙扮演著緊咬固定的功能；大拇指和食指也像延伸出來的牙，依賴著虎口的穩定度，來做出尖端的抓捏動作。如果虎口沒力撐開，就會影響手指的靈活表現。

❷ 指尖力氣輕，操作經驗少

　　沒有力氣，手指軟綿綿，有時來自於孩子操作經驗太少，而壓暗釦的動作恰好需要具備良好的手部肌耐力。臨床上經常遇到許多孩子從小就長時間使用手機和平板，生活大小事被照顧得很好，也鮮少有多元的操作機會；直到進入幼兒園才被老師發現手指沒力，很多操作跟不上同儕，大人這才驚覺原來自己在不知不覺中，剝奪了孩子動手探索和從錯誤中調整學習的機會。

❸ 手指不會推送

　　開扣釦子的動作之一，便是要將鈕釦擠壓「推送」過釦子孔洞，手指的推送動作看似細微卻是幕後大功臣。觀察看看，孩子的手指能不能做出「搓、推、送」的動作，或將繩子推送過整根吸管呢？

❹ 雙手不協調

　　一手捏住衣服上的釦子孔洞，一手推送過去，這相互對準、兩手配合的動作，都是協調能力的展現。可不能一手要推送釦子了，另一手卻沒準備好接過釦子而錯過了時機。

❺ 「觸知覺」不佳

　　觸知覺即「透過摸來看」，讓我們即使眼睛不看著，也能透過雙手的觸摸來感知物品的全貌，並幫助大腦形成概念來操作。舉例來說，像是手能伸進袋子裡掏找出鑰匙、能用感覺來替自己戴上項鍊、綁頭髮，以及能在半夢半醒間開扣釦子。如果「觸知覺」不佳，手指將會難以準確觸摸來傳達物體的形狀和材質資訊給大腦，而顯得操作笨拙。

用餐行為

穿衣與盥洗行為

日常移動行為

其他生活行為

遊戲行為

學習行為

試試這樣做

✅ 平放衣物，大鈕釦加上口訣，輕鬆學習

Point 觀察步驟，形成概念

　　將衣物平放或是掛起來練習，能幫助孩子更清楚地觀察到物品和自己的指頭動作，而大鈕釦也方便抓握，能大大降低操作的困難度。只要出現成功的經驗，就能激勵孩子。因此，建議大人先放慢速度示範一次，讓孩子能看清楚手指動作，再搭配故事口訣「釦子先生，過山洞，爬不出來，拉一把！」就能簡單快速地幫助孩子記住流程和動作。

✅ 用穿衣板或娃娃身上的衣服做練習

Point 簡化版本，玩中學

　　2～6歲正是發展「假想遊戲」的年紀。「假想遊戲」的出現，帶出了重要的模仿和社會化能力，不但能幫助孩子觀察和模擬不同角色、說話方式，還能因應不同的情境練習溝通。孩子會在扮家家酒遊戲中模仿身邊的大人，像是假裝幫玩偶娃娃們打扮和換穿衣服。在這樣的腳本中，孩子不僅練習了衣物的穿脫技巧，也因加入了想像和創意，更能樂此不疲地反覆演練和享受其中。建議大人陪同遊戲時，不主導、不批判孩子的想像，而是從旁豐富腳本內容，激發孩子的動作發展、語言能力和情緒表達。

✅ 穿上身，從最下面的釦子開始扣

Point 初期透過視覺學習，熟練後則靠觸知覺

　　當孩子已經學會在平放的衣物上開扣釦子，就可以穿上身練習囉！從最下面的釦子開始扣，除了最接近孩子原本衣物平放練習的經驗，也較不會出現扣錯洞的狀況。透過以上「拆解步驟，分段練習」的過程，

能大幅地降低孩子在學習新事物時的挫折感，不僅容易學習好上手，也能幫助高敏感型、動作較笨拙，或是完美主義的孩子減輕過多的情緒負擔。

☑ 從實作中提升孩子的「我能感」

Point▶ **大力鼓勵，孩子越做越有成就感**

常常聽到孩子喊：「我要自己做！」這就是「我能感」爆棚的時候，想要告訴大人：我也可以，我要試試看。 而在學習新事物時，孩子會不斷地出現：好奇 ⟶ 挑戰 ⟶ 失敗 ⟶ 調整 ⟶ 再練習 ⟶ 勝任的過程。失敗是很好的機會，讓孩子學習面對挫折再出發。如果大人習慣替孩子做好，或趕時間急於替孩子完成，不僅削弱了孩子天生的挑戰欲望，當時間一久，也會出現反抗和挫折的情緒。所以讓孩子自己來吧！不論結果做得好或不好，都肯定孩子努力嘗試的態度，不只你會發現孩子潛力無窮，親子摩擦也變少了呢！

▲ 當孩子已經學會在平放的衣物上開扣釦子，就可以穿上身練習。

用餐行為

穿衣與盥洗行為

日常移動行為

其他生活行為

遊戲行為

學習行為

親子遊戲這樣玩

① 神秘箱達人

工具
- 1 個小紙箱
- 多個不同形狀或大小的串珠
- 1 條鞋帶

玩法

① 將紙箱倒扣，長面開兩個洞口，做成神秘箱。

② 將串珠分成兩份。把 1 條鞋帶和一份串珠，用神秘箱蓋住。

③ 在箱子外，把另一份串珠隨機排列，當作題目。

④ 在看不到箱內物品的情況下，雙手伸進洞口，想辦法摸出正確的形狀，再按題目順序，在神秘箱內完成串珠。

Tips 在神秘箱內，完成組裝任務。不能讓孩子看到箱子內物品。若孩子摸不出指定形狀時，可給予提示，如：三角形，三個尖尖的點。

進階

可計時，在時間內完成活動，增加刺激感；也可減少或增加紙箱內的物件，調整難易度。

② 蟲蟲過山洞

工具
● 多根粗吸管
● 數個毛根

玩法

❶ 手指拿著一條毛根的前端，做出看似搓和推送的動作，把毛根毛毛蟲小步小步地鑽過吸管山洞。

❷ 當毛毛蟲探出洞口後，可彎折或捲曲毛根，做出專屬的毛毛蟲造型。

Tips 手指頭要拿在毛根的最前端，才不會一下就穿過吸管，誘發不出指頭推送的動作喔！

用餐行為

穿衣與盥洗行為

日常移動行為

其他生活行為

遊戲行為

學習行為

7 衣服經常穿不平整！

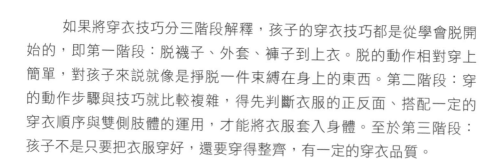

- ☐ 穿褲子時，褲頭鬆緊帶捲起或翻摺，褲管呈現一高一低。
- ☐ 穿褲子時，褲子中間線沒對到肚臍，褲頭會歪斜和旋轉。
- ☐ 穿外套時，裡面上衣的袖子被捲起，袖子看上去有一坨。
- ☐ 紮衣服時，衣角掉出來或卡在褲子某側，衣服沒有平整。
- ☐ 皮膚感覺較鈍，襪子後跟沒對齊，或腳跟腳背位置顛倒。

　　如果將穿衣技巧分三階段解釋，孩子的穿衣技巧都是從學會脫開始的，即第一階段：脫襪子、外套、褲子到上衣。脫的動作相對穿上簡單，對孩子來說就像是掙脫一件束縛在身上的東西。第二階段：穿的動作步驟與技巧就比較複雜，得先判斷衣服的正反面、搭配一定的穿衣順序與雙側肢體的運用，才能將衣服套入身體。至於第三階段：孩子不是只要把衣服穿好，還要穿得整齊，有一定的穿衣品質。

　　這篇針對第三階段來探討，孩子明明會自己穿衣服，但為什麼看上去總是歪七扭八、衣衫不整？尤其在上完廁所，一次要整理小內褲跟外褲就會相當明顯。孩子經常要大人提醒才會意識到要把衣服紮好、褲子弄順，不提醒似乎沒感覺也不會覺得不舒服。大人通常直覺性反應是孩子不專心、個性急、做事脫線造成的，而忽略孩子可能是「感覺」出了問題。

原因與影響

❶ 本體覺與觸覺感覺遲鈍

　　大腦的感覺系統──本體覺與觸覺會發射訊號，告訴我們這邊不舒服、那邊怪怪的或刺刺的等皮膚感受。如何區分孩子是穿衣技巧尚未學會，還是因為感覺調節與區辨出了問題？從大人提醒後，孩子是否能自己調整好衣服，作為判斷的依據，提醒下能自己做好，則偏向感覺區辨問題。感覺遲鈍的孩子，皮膚對刺激的輸入較不靈敏，有如身體外的保護膜比較厚，會需要更強烈的刺激輸入才有感覺。

❷ 練習經驗被剝奪

　　大人發現孩子衣服沒穿好時，儘管每次提醒，但卻是邊說邊幫孩子完成，孩子都還來不及看到自己衣服沒穿好的樣子，大人就已經協助完成，因此經常練習不到孩子最需要練習的地方。

▶ 穿外套時，裡面上衣的
袖子被捲起，袖子看上
去有一坨。

111

用餐行為

穿衣與盥洗行為

日常移動行為

其他生活行為

遊戲行為

學習行為

試試這樣做

✅ 建立「衣服穿好會帶給他人好感」的觀念

> **Point** 加強孩子對外在形象的重視與感受

　　4～5歲的孩子正是以自我為中心的階段，不會在乎他人的感受，當自己給人的外在形象尚未建立好，衣服是否穿得整齊不會是孩子在意的點。因此，大人可挑選穿衣繪本，並特別在書中整理穿著的部分做停留，以建立基本的形象觀念。生活中時不時提及自己或身邊人的穿著表現，像是：「你看！媽媽的褲子是拉平的，穿整齊大家會覺得我很乾淨，喜歡跟我做朋友。」或「你看！姐姐衣服露出來沒紮好，她其實會的，但別人以為她還不會穿衣服，是不是好可惜？」強調衣服穿得好，是幫自己加分的行為表現。

✅ 畫面會說話

> **Point** 一起建立「衣服穿好」的標準

　　孩子的穿好跟大人的穿好，因做事的認知與腦海中的畫面不同，自然不容易讓孩子理解大人的「穿好」要做到什麼程度。將孩子穿整齊及沒穿整齊的樣子各拍一張照片作對比，視覺化的學習，最能加深孩子的印象。甚至出門前大人不妨刻意把衣服穿歪，請孩子幫忙檢查哪裡奇怪。

✅ 創造專屬的整理口訣

> **Point** 透過比喻，讓孩子更容易學會整理的動作

　　大人和孩子一起發揮想像力，想一想若衣服沒穿好，像什麼呢？藉以增加孩子對衣服沒穿好的理解。例如：內褲和褲子捲起來，就像書本某一頁的紙被折到了；褲子沒對齊穿得歪歪的，就像玩積木疊高高但疊

歪了；衣服沒有紮好，就像馬路凹凸不平。接著當孩子在做整理練習時，就可以創造口訣，像是：「跟書本一樣沒有折到、像積木一樣疊的整齊、馬路平平的車子才能過喔！」從孩子喜愛的遊戲，創造情境並賦予意義。

✅ 增加衣服存在於身體的感覺

> **Point** 適度讓孩子感受，什麼是不舒服的感覺

這類孩子對感覺輸入的反應較頓，因此褲子的挑選上，一部分可以選鬆緊帶稍緊的褲頭，給予身體更多本體覺的輸入，亦即「被壓著」的感覺，藉由皮膚的回饋，提醒孩子肚子、腰部側邊或屁股中間卡卡的或不舒服，先覺察，進一步才會有想要調整的動作。

✅ 認識身體的細節部位

> **Point** 大人說的肢體位置，孩子要能指得出來

當孩子認識身體的部位愈多，大人教導穿衣技巧時，孩子就能愈快掌握大人的意思，像是：「屁股的上面、身體側邊的腰、袖子捲到手臂處」。可以玩親子搔癢遊戲，設定不同的身體部位，輪流搔對方的身體，或由大人說身體部位，孩子要快速指出來。

✅ 建立檢查的習慣

> **Point** 帶著孩子一起做，且檢查的內容要具體

在房間門口或大門玄關的空間，設立鏡子，讓孩子出門前做自我檢查。平時一起出門，即可帶著孩子一起做，記得要把檢查的位置具體說出來，避免孩子只做形式上的照鏡子動作，像是：「衣服有收好在裡面、褲頭是平平的」，讓孩子執行是有方向的。別忘了給予立即的鼓勵，讚美孩子做到的地方以及給人的好印象，藉以提升成就感。

用餐行為

穿衣與盥洗行為

日常移動行為

其他生活行為

遊戲行為

學習行為

親子遊戲這樣玩

① 娃娃穿衣趣

工具
- 1 個娃娃
- 幾件娃娃的衣服或 1 隻襪子
- 其他布料

玩法

❶ 將布料裁成娃娃的上衣、褲子,或在襪筒側邊剪兩個洞,變成無袖上衣。

❷ 和孩子玩扮家家酒遊戲,學習幫娃娃穿衣服,增加「把衣服穿整齊的概念」。

❸ 大人可故意將娃娃的衣服穿的亂糟糟,請孩子整理。

 Tips 搭配場合與季節,發揮創意幫娃娃找適合的衣服。

❷ 我畫身體，你來猜

工具
● 1 支畫筆
● 3 組卡片

玩法

❶ 製作 3 組卡片。第 1 組：符號與形狀、第 2 組身體部位（手臂、下背、腰部等）、第 3 組：不同的力道（石頭＝用力畫、螞蟻＝輕輕畫）。

❷ 將卡片分成三區，請小孩隨機抽。用手指在對方的身體部位，畫出抽到的題目，並請對方猜猜畫的是什麼？輪流進行。

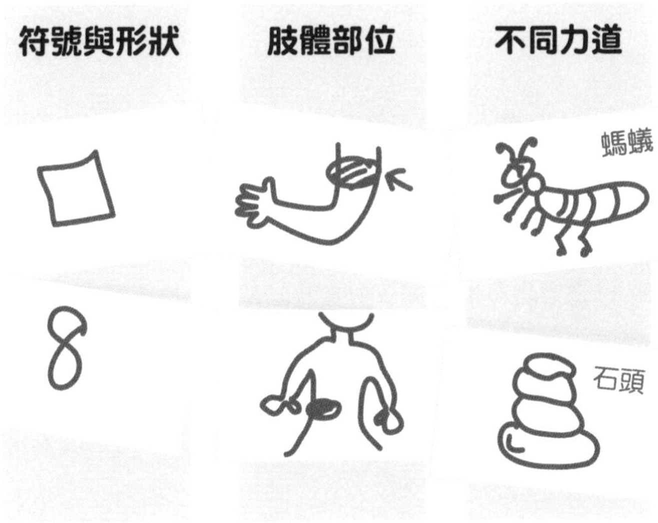

符號與形狀　**肢體部位**　**不同力道**

螞蟻

石頭

用餐行為

穿衣與盥洗行為

日常移動行為

其他生活行為

遊戲行為

學習行為

玩法

❸ 若抽到螞蟻＋手臂＋數字 8 ＝輕輕的在手臂寫數字 8。

舉例：

進階

可以隔著衣服畫，比起直接接觸皮膚，更有挑戰性。

Tips 透過遊戲可增加孩子對身體部位的認識與覺察。

PART 3

行

日常移動行為

4
7

用餐行為

穿衣與盥洗行為

日常移動行為

其他生活行為

遊戲行為

學習行為

1 對於樓梯或是手扶梯等會感到緊張害怕。

☐ 搭乘手扶梯或電梯時會緊張想要坐下或是要求抱。

☐ 對於溜滑梯、盪鞦韆或是翹翹板等會很害怕。

☐ 對於高度很敏感，就算只是 1～2 階都會緊張，上下樓梯非常謹慎。

☐ 不喜歡旋轉或是速度太快的遊戲。

☐ 平衡感不大好，也不太喜歡需要平衡感的活動，如騎腳踏車、單腳跳等。

　　孩子總是很緊張焦慮，尤其公園小朋友玩得很開心，他卻總是站在溜滑梯上求救；面對樓梯或是手扶梯等小手也是抓得緊緊的，是不夠勇敢還是怎麼了呢？

　　這類型的小孩雖然較為謹慎也比較不容易讓自己受傷，但在戶外活動中經常需要較長的時間適應或是觀察，也會比較依賴大人，除了先天氣質外也有可能是下面這些原因唷！

▶ 對於高度很敏感，就算只是 1～2 階都會緊張，上下樓梯非常謹慎。

原因與影響

❶ 前庭感覺較敏感

　　前庭神經系統主要是維持身體平衡及偵測身體動態，也就是感受速度、平衡、重力變化（高度改變）等重要的系統。當前庭覺過度敏感時則會表現出對於速度、重心變化等的動作或是遊戲感到抗拒或是害怕，故對於大動作的活動可能較為謹慎、不敢嘗試，導致動作或是協調看起來較為笨拙。

❷ 對於自己的動作能力較沒自信

　　有可能與本體覺相關，前庭覺與本體覺息息相關也互相影響，小孩可能對於自己的動作沒自信，所以對於一些未知或是看起來比較需要大動作能力的活動感到害怕或是小心翼翼。

❸ 「不可以！」的後天連結

　　後天環境也可能造成影響，可能再更小的時候大人在家中若是看到小孩出現爬高或是試圖拿取高處物品的舉動時，會大喊「不可以！」來制止及避免危險發生，多次之後小孩可能將爬高或是高處與大人的驚恐反應連結。

❹ 先天氣質以及後天經驗

　　有的小孩先天氣質比較內向害羞，面對環境本來就需要比較多時間觀察，加上連續幾年的疫情時代，正值探索時期的小朋友大多只能關在家中，經驗較少所以容易感到緊張。

用餐行為

穿衣與盥洗行為

日常移動行為

其他生活行為

遊戲行為

學習行為

試試這樣做

✅ 增加經驗，多方嘗試

Point 在小孩可接受範圍內增加前庭或是本體覺刺激

多帶孩子出去走走吧！多帶小孩到戶外參與活動，就算孩子只敢在旁邊看著也沒關係。另外，在家中也可增加相關活動經驗，例如：可以多走樓梯，親子一起玩手拉手慢慢轉圈跳舞的遊戲，或是抱高高慢慢轉圈、玩跳跳馬（球）、滑車、扭扭車等都可以！但要注意小孩的心情以及是否抗拒，如果小孩露出極為害怕的表情則應降低強度或是先暫停休息。

✅ 引導陪伴，增加自信

Point 鼓勵小孩跨出一小步，給予安全感並增加自信

當小孩遇到害怕的遊戲或是活動時，如公園的溜滑梯，在遊具承重許可的情況下，家長可以陪伴小孩一起玩，從抱著溜、手牽手溜到可以在下面等他接住他，一步一步來不否定他的努力以及害怕的情緒，鼓勵小孩每一次的嘗試，就算只有一點點也沒關係！

✅ 設定安全範圍

Point 與小孩討論為什麼會危險，降低錯誤連結

在兩歲以前因為小孩沒有危機意識且理解能力有限，所以我們習慣直接告知不可以，隨著年齡的增長可以與小孩一起討論什麼場所可以做什麼事情，例如：為什麼公園的攀爬架可以爬但家裡的櫃子不行，先讓孩子自己思考，不急於給出答案，透過自己思考，孩子也比較能遵守討論過後的結果。如果不小心一時忘記，也可以不帶否定的詢問，「你還記得上次我們討論的結果嗎？」與其因恐懼而理解的不可以，不如讓孩子自己思考出答案唷！

親子遊戲這樣玩

① 小飛機起飛囉！

工具
- 1 張電腦椅
  （有輪子或可以旋轉的）
- 1 捲彩色膠帶
- 些許障礙物
  （如枕頭、抱枕）

玩法

❶ 先在地上貼上一條膠帶，代表等一下的飛行路徑，並擺上障礙物，飛行時要繞開。

❷ 第一次玩的時候，大人（機長）坐在椅子上並抱著孩子，機長廣播：各位旅客您好，我們等一下要飛往✕✕國囉！請繫上安全帶（雙手環繞小孩的肚子）準備出發囉！

❸ 起飛後觀察小孩的情緒以及接受程度，先慢慢地前進，中途原地轉圈，轉圈的速度大約 2 ～ 3 秒一圈，如果太害怕則可以放慢。

❹ 到目的地後讓小孩自己下來站到地上。

進階

若是孩子逐漸不害怕，可以加快前進以及轉圈的速度，或讓小孩自己坐在椅子上由大人來推，或者交換由小孩來推大人以增加趣味性。

Tips 如果小孩出現類似暈車的表情，臉色發白或是盜汗等等則先暫停休息。

121

用餐行為

穿衣與盥洗行為

日常移動行為

其他生活行為

遊戲行為

學習行為

親子遊戲這樣玩

② 青蛙過河

工具
- 1 捲彩色膠帶
- 2 塊巧拼墊
- 些許障礙物（如枕頭或抱枕）

玩法

① 先在地上的二端貼上 2 條膠帶，設定起點以及終點線。

② 給予孩子兩個巧拼墊，等等開始遊戲後，兩腳只能站在墊子上，不能掉出去，同時需想辦法過河到對面！

③ 在起點與終點之間，放上高度不等的枕頭或是抱枕，並告知如果遇到障礙物需要跳過去或是跨過去。

Tips 安全提醒：須確認巧拼或枕頭在地板不會一踩就滑倒。

進階

若是有同儕或是其他大人則可以多人遊戲，有競爭更有趣。

2 小孩一直踮腳尖，需要制止他嗎？

□ 孩子打赤腳時經常踮腳尖，穿著球鞋則比較不會。
□ 不論是否穿鞋都常常踮腳尖。
□ 踮腳尖時喜歡搖來晃去。
□ 常常抱怨小腿痠或是腳不舒服。
□ 討厭濕濕的或是刺刺的表面。

　　經常有家長詢問小孩很習慣踮腳尖，是否需要制止或是改善呢？踮腳尖會有其他不好的影響嗎？

　　一般兩歲之前很容易出現踮腳尖的姿勢，因為小孩正在學習調控自己的姿勢，但若持續至 3 ～ 4 歲仍常常維持踮腳尖走路，可能就要多注意且需要專業人員介入。

原因與影響

❶ 觸覺敏感

　　觸覺較為敏感，為了減少與地板的接觸面積以踮腳尖的方式行走，藉此避免腳掌有過多的區域接收到觸覺的訊息以及刺激。可以檢視平時小孩是否對於觸覺比較敏感，如對於走在草地或是沙子等不平滑表面感到排斥，或對於衣服標籤、襪子等有些抗拒的行為。

123

用餐行為

穿衣與盥洗行為

日常移動行為

其他生活行為

遊戲行為

學習行為

❷ 本體覺整合異常

因踮腳尖腳底面積變小，壓力增加，因此關節所接收到的壓力刺激也越多。

❸ 前庭覺感覺需求

因踮腳尖屬於較不穩定的行走方式，過程中會產生較多的搖晃提供較多的前庭覺刺激。

試試這樣做

✔ 每日拉筋

Point▶ 小腿過度緊繃，適時拉筋舒緩肌肉

排除長短腳、張力異常等生理因素後，因踮腳尖可能會造成小腿過度緊繃，於家中可協助小孩執行拉筋的活動。

▲ 讓小孩在蹲姿下，以腳掌平貼地面的方式遊戲。

拉筋活動

- 在小孩坐姿膝蓋打直下，將小孩腳掌輕輕往身體側扳（可一手控制膝蓋一手握腳掌）。
- 讓小孩在蹲姿下，以腳掌平貼地面的方式遊戲（如左圖）。
- 讓小孩坐在椅子或是滾筒上進行遊戲（腳掌平貼地板）。
- 球鞋可選擇較為高筒的球鞋，且布料稍微硬挺不易彎曲踮腳尖的材質。
- 另外平常可以輕壓肩膀，提醒小孩正確的姿勢。

✅ 觸覺敏感的小孩

Point 拓展觸覺經驗，降低緊張敏感

平時可給予腳底不同的觸覺刺激，例如：洗澡時可不經意用不同的刷子或是毛巾刷洗，鼓勵小孩光腳走在不同材質的路面，可先由較為平滑表面開始進階到粗糙面。

✅ 給予重量

Point 利用重量整合整體感覺刺激

可在腳踝處綁上重量圈或是沙袋等，藉由重量的刺激提供本體覺刺激；或是利用全身出力的活動來整合感覺統合異常的狀況。

✅ 觸覺提示提升自我意識

Point 溫柔提示讓小孩自覺行為模式

可在小孩踮腳尖時，輕壓其肩膀提醒，或是給予其他活動，轉移注意力。輕壓或是輕拍肩膀可以讓孩子有意識地注意到自己目前的狀態，進而改善下意識踮腳尖的習慣。

125

用餐行為

穿衣與盥洗行為

日常移動行為

其他生活行為

遊戲行為

學習行為

親子遊戲這樣玩

觸覺遊戲

❶ 臭腳丫變香香

工具 ● 數條不同材質的洗澡巾
（如手帕、洗臉毛巾、洗澡海綿、不同粗糙程度的擦澡巾）

玩法

❶ 在洗澡時提供不同洗澡巾，讓孩子自己清潔身體。

❷ 先從質地細緻柔軟或是常接觸到的毛巾開始，讓孩子試著把玩，並搓搓自己的手臂或大腿等，同時聞一下腳丫臭臭的，待會一起來洗香香。

❸ 待孩子適應後再讓小孩自己選擇，看看今天要使用哪個工具呢？

進階

若孩子沒有不適可進階至較為粗糙的材質，如去角質沐浴巾等。

Tips
過程中不強迫，如果小孩很抗拒腳底被碰到，建議先從刷手臂或背部等較不敏感的地方開始。

本體覺
遊戲

②巨人來囉！蹦蹦蹦！

工具 ● 2 個不同重量的沙包或重量圈
● 2 條長型的毛巾

玩法

❶ 請小孩想像自己是巨人，巨人走路有什麼聲音呢？蹦蹦蹦！

 Tips 隨時注意腳踝處是否有綁太緊，或是太重造成血液循環不良而顏色改變，若有則建議馬上拆除。

❷ 利用毛巾或是鞋帶等將沙包或是重量圈綁在小孩雙腳的腳踝處。

❸ 引導小孩學巨人走路，或學巨人往前跳、橫向走等。可持續大約１０～１５分鐘。

127

用餐行為

穿衣與盥洗行為

日常移動行為

其他生活行為

遊戲行為

學習行為

親子遊戲這樣玩

前庭覺遊戲

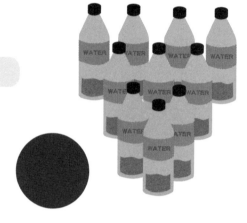

③ 暈頭轉向保齡球

工具
- 1 捲紙膠帶
- 10 個寶特瓶
- 1 個皮球
- 數個巧拼墊

玩法

① 在先在地上貼出旋轉區及直線前進區。直線前進區以大約 3～5 塊巧拼墊排出走道，長度則視空間大小決定。

② 在寶特瓶內裝一些水（約 1 ／ 5）擺放成保齡球的排列方式。

③ 請小孩在旋轉區原地轉圈約 3～5 圈後直線前進拿到皮球，並將皮球延地板滾出，看看自己可以打倒幾個寶特瓶。

Tips 因為遊戲容易跌倒或撞到，建議遊戲區域需要較為空曠並隨時注意小孩的狀況。

進階

多人一起遊戲會更有趣唷！如果第一次遊戲可以降低原地自轉圈數或是將直線前進區域的寬度變成兩塊巧拼墊的寬度。反之，若是小孩年齡較大或是較為熟悉，建議可以增加自轉圈數或是將前進步道變窄。

3 常常抱怨腳痠，走不久！

☐ 無法久站。
☐ 走一下子就抱怨腳痠、不願意自己走。
☐ 有些孩子會伴隨容易跌倒、疼痛。

開心帶著孩子出門踏青，結果不一會兒孩子就鬧脾氣抱怨腳痠、不願意自己走。家長常常分不清孩子是真的腳痠還是在撒嬌討抱，這樣的情形您家裡的寶貝是否也有呢？

原因與影響

❶ 下肢肌張力過低

人體肌肉中有一種內在的彈性張力，在靜止時負責維持肌肉形狀、抵抗地心引力，提供肌肉與關節穩定性，是姿勢維持與動作起始的重要基礎。當孩子下肢的肌肉張力低，會影響動作的穩定性與協調性，也常伴隨肌力不足或肌耐力不佳的狀況，導致孩子能躺就不想坐、能坐就不想站，走路容易疲累或覺得痠痛。

❷ 不適當的鞋子

包覆性不佳的鞋子，無法提供支持以保護孩子的腳，也無法吸震輔助穩定；太大會使孩子需要使用不當的力氣撐住鞋子、太小則會壓

129

用餐行為

穿衣與盥洗行為

日常移動行為

其他生活行為

遊戲行為

學習行為

迫足部、使血液循環不良、拇指外翻；太軟缺乏支撐性、太硬則限制足部的自然動作，因此當孩子需要走比較長的距離，就容易導致腳痠或腳痛。

❸ 足弓過低，結構性或功能性的扁平足

　　足弓可以分散體重於踝關節之間，吸收行走、跳躍時來自地面的衝擊，提供活動時的動態穩定度，若孩子足弓過低，因無法有效吸收地面的反作用力與震動，行走時容易痠痛。寶寶出生時由於腳底仍被脂肪填充，即使在未承重的情況下也可能看起來很扁平，隨著骨骼、肌肉與肌腱的發展，足弓就會逐漸發展出來。若是孩子在未承重的狀態下可觀察到足弓，但在腳受力踩地時足弓會消失，這種情形屬於功能性扁平足，約 6 歲之後會逐漸改善、到 10 歲左右發展成熟。

　　而另一種為結構性扁平足，主要是先天骨骼發育的問題導致後足關節活動度受限，無論腳受力與否都觀察不到足弓，這種狀況並不會隨著成長而改善，若嚴重影響活動可能需要靠手術來改善。若孩子為前者「功能性扁平足」，為正常發展的過渡期，如無明顯經常性跌倒、疼痛情形，不需過度擔心，但若孩子隨時隨地都存在明顯的足弓塌陷，為「結構性扁平足」則需特別追蹤與治療，以免錯過黃金治療期。

❹ 阿基里斯腱過緊

　　有些孩子因為腳底肌肉肌力不足，行走時容易以小腿肌代償呈現踮腳走，長久下來使阿基里斯腱變短。有些則是因為先天阿基里斯腱過短而容易以踮腳步態行走，然而長期以踮腳方式行走，缺乏踝關節背屈角度，容易造成痠痛、甚至影響足弓的發展。

❺ 引起大人關注或撒嬌

　　有時孩子是因為想引起大人的關注或是想撒嬌，因此以「腳痠」、「腳痛」為理由希望能獲得大人的回應。

如何區辨功能性或結構性扁平足？

功能性扁平足

未承重時可觀察到足弓。

踩地承重時足弓會消失。

結構性扁平足

不管是否承重都觀察不到足弓。

用餐行為

穿衣與盥洗行為

日常移動行為

其他生活行為

遊戲行為

學習行為

試試這樣做

✅ 選一雙好鞋

> **Point** ► 包覆性好、支持性佳行走才輕鬆

　　若預期孩子需要在外走較長的時間，一雙耐走的鞋絕對相當重要。選擇楦寬、圓弧形的鞋頭，後跟要有適當的硬度來保護腳踝，鞋底不過硬、過厚，要能在踩下去時凹折為佳。此外，在沒有確認足部問題或醫師、治療師建議之前，切勿選擇特別隆起足弓的鞋款，以免影響孩子足弓的發育。

✅ 鼓勵赤腳走路、刺激足底

> **Point** ► 提供足底各式感覺刺激以足弓發育

　　若天氣不冷、確認沒有尖銳物品，多鼓勵孩子赤腳走路，感受不同材質、不同高低、不同軟硬的地面，提供足底豐富的感覺刺激，幫助足底肌肉與足弓發展。

✅ 腳痠休息一下、拉拉筋

> **Point** ► 放鬆小腿肌肉、活動關節

　　當走到腳痠時可以讓孩子休息一下，以雙足朝前弓箭步、後腳伸直踩地的方式拉拉小腿的筋，左右腳交替進行。返家後，可以浸溫水放鬆痠痛的小腿，再以乳液由小腿中心向外畫圈按摩。

親子遊戲這樣玩

❶ 夾夾小毛球

工具
- 數個小毛球
- 1 個籃子

玩法

❶ 將毛球放置於地面上、籃子放置在有高度的平面。

❷ 請孩子坐在小凳子上或站立，以單腳腳趾將小毛球夾起。

❸ 夾至籃子內，比賽時間內誰能夾得多就獲勝！

進階

待孩子愈夾愈多時，可增加毛球的數量，或提供多種材質的毛球來提升挑戰的難度，藉以讓腳趾施力、活化足底肌肉。

❷ 踢踢碰目標

工具
- 1 個飛盤

玩法

加強下肢肌耐力

❶ 請孩子坐在椅子上，雙腳踩在地面，膝關節、髖（大腿）關節皆呈 90 度。

❷ 接著請孩子雙手抓握飛盤。

❸ 將右腳屈膝上抬碰飛盤 20 下，再換左腳；將右腳伸直上抬碰飛盤 20 下，再換左腳。

用餐行為

穿衣與盥洗行為

日常移動行為

其他生活行為

遊戲行為

學習行為

4 身體軟軟的，能靠就靠，動作跟不上同儕！

☐ 精神不佳，常常想睡覺、恍神。

☐ 身體懶懶、軟軟的，像隻趴趴熊。

☐ 無論站著、坐著，能靠就靠。

☐ 動作速度緩慢，跟不上大家。

☐ 反應慢半拍，無法即時接收指令且回應。

☐ 手腳力量明顯較弱。

☐ 常常會下巴微張，甚至流口水而不自覺。

☐ 咀嚼能力不好，抗拒吃較硬的、有嚼勁的食物種類。

☐ 對許多活動提不起勁，尤其抗拒體能相關的活動。

孩子從早上起床到出門，每個動作都要三催四請，拖拖拉拉的；在學校，也常常被老師提醒說跟不上同學，動作速度、活動進度都明顯落後，每天無精打采的，是懶惰嗎？還是孩子發生什麼問題了呢？

有些孩子的確可能因為天生氣質因素而對活動、遊戲較不感興趣，因此看起來對所有事情提不起勁，建議需增加多元活動的探索，找到孩子感興趣的事。

在臨床上，有以上行為表徵出現時，其實大多數屬於「低張孩子」。肌肉張力較低的孩子，一般在動作發展上會出現一定比例的遲緩，原因在於，他們常提不起勁、無精打采，對於環境的探索、遊戲的需求比一般孩子低，進而降低了許多遊戲的機會。孩子的學習、成長，是透過遊戲而習得基礎能力的，若少了練習機會，則不利於基礎能力的發展。

原因與影響

❶ 警醒程度低落

維持一定的警醒程度，可讓我們即時接收、反應環境中出現的訊息。低張的孩子，因警醒程度較低，對日常中的感覺輸入、口語應答皆有反應較慢的狀況，可能常把指令當作背景音、有聽沒有到；或對痛覺較遲鈍，被同學踩到了也無法即時反應。亦常常觀察到，對日常許多事情都提不起勁，常常想睡覺、昏沈沈的。同時，經常伴隨專注力等相關問題。

❷ 整體活動量低，動作無力

身體懶懶的、重重的，對活動興致缺缺，日常的活動量明顯低於同齡孩子時，肌肉動作的發展也常有無力的狀況，可能觀察到孩子走路拖步，容易跌倒；體能活動時，動作跟不上大家、容易累；跳舞時，肢體無法比照老師做出大幅度的動作；轉不開瓶蓋、毛巾擰不乾；吃東西只挑軟質、半流質的食物等等。

❸ 仰賴 3C 刺激，對真實的生活經驗貧乏

對於太早接觸 3C 產品，或是大量依賴 3C 產品的孩子，因長期受豐富的聲光刺激餵養，因此對真實生活的玩具、遊戲較不感興趣。相較之下，積木、撲克牌、塗鴉根本是沒有聲音、沒有有趣動畫的無聊遊戲，所以會興致缺缺，只期待著可以玩 3C 的時光。在真實的生活經驗貧乏的狀態下，孩子可能無法發展出粗大及精細動作技巧、感覺統合、對玩具的想像力及創造力、同儕社交互動能力等。

用餐行為

穿衣與盥洗行為

日常移動行為

其他生活行為

遊戲行為

學習行為

試試這樣做

✅ 降低對 3C 產品的依賴

> **Point** 回歸真實生活的情境

　　首先需要降低，甚至移除 3C 產品的使用，若有 3C 的存在，多數孩子仍是無法將注意力從 3C 移走。若生活中去除了 3C，孩子開始感到無聊，才會有意願嘗試不同的遊戲及活動，回歸真實生活情境。

✅ 陪著孩子一起探索多元活動

> **Point** 增加參與動機及意願

　　每個人對活動的參與動機及意願建立在對事物的喜好上；然而喜好是很個別化的。倘若孩子對於家裡的玩具、遊戲、活動皆不感興趣，鼓勵大人陪著孩子一同參與其他種類的活動，例如：

手工藝類團體	摺紙、黏土、陶土、塗鴉等。
體能及球類相關活動	籃球、足球、羽毛球、游泳、直排輪、跆拳道等。
生活體驗類活動	烘焙、簡單烹飪、露營體驗等。

　　探索多元活動其實沒有這麼複雜，也可以從最貼近生活的部分做起，如大人陪著孩子踩點不同的特色公園、走走不同的簡單步道、與大人一起清洗及處理食材等等。

✔ 提升整體活動量

Point 維持一定的警醒程度，可適當應對生活訊息

　　調整生活作息，有意識地將「運動」加入日常安排。透過規律的運動，加強孩子的整體肌耐力、動作協調能力及警醒程度。因孩子容易累，建議以分段式練習為主，並增加休息的片段，讓孩子有足夠的時間調整自己的狀態。許多孩子在運動的調整下，警醒程度及專注力都有明顯提升，也較可適當應對日常的生活訊息。需要注意的一點是，運動習慣需持續維持，切勿一日捕魚、三天曬網，這樣運動所帶來的效益並不理想。

▲ 透過規律的運動，加強孩子的整體肌耐力、動作協調能力及警醒程度。

用餐行為

穿衣與盥洗行為

日常移動行為

其他生活行為

遊戲行為

學習行為

親子遊戲這樣玩

① 點名囉！

工具 ● 1 副撲克牌

玩法

① 每個人面前放一張撲克牌，大家的數字不能一樣。每個人即代表該數字。

② 洗牌後，將其他剩下的牌，放置中間。

③ 每個人輪流翻牌。注意看！翻到自己的數字，要立即跳起。

進階

若熟練後，可以加快翻牌速度，挑戰大家的反應；也可增加每個人代表的數字數量。

❷ 小馬解密

工具
- 1 張壁報紙
- 1 支奇異筆
- 數字牌卡 1 ～ 9

1	2	3
4	5	6
7	8	9

玩法

❶ 由大人在壁報紙上畫上九宮格，並編號 1 ～ 9。貼於牆面。

❷ 請孩子將數字牌卡洗牌，依序排於地面。

❸ 請孩子當小馬，手撐於地板，呈四足跪姿，並在孩子前面排好數字牌卡。接著請孩子雙手撐地，雙腳後踢，在牆面的壁報紙上踩出與數字牌卡相對應的數字。

❹ 請小馬雙腳後踢，憑記憶依數列踢出密碼。

進階

若人數夠多，也可讓其他孩子猜猜看，小馬踢的密碼是什麼數字呢？

用餐行為

穿衣與盥洗行為

日常移動行為

其他生活行為

遊戲行為

學習行為

5 為什麼孩子總會跌倒？

- □ 容易撞到同學、撞到家具。
- □ 跨門檻或階梯時，常常踢到、跌倒。
- □ 在學校常被抱怨，走路不小心踩到同學的玩具、踢倒同學的積木。
- □ 走路時常常拖步，卡到自己腳而跌倒。
- □ 跑步時，雙腳互絆、跌倒。
- □ 走路無法注意周遭障礙物。

「我家孩子能走能跑，走路沒有明顯狀況，但還是會常常跌倒。一雙腿帶著黑青回家，根本是家常便飯。」你家也有孩子是「阿不倒（台語）」嗎？幼兒期（1～3歲）的孩子從慢慢學站、扶著走，進步到會跑、會跳、會上下樓梯；在學習走路的過程中，難免會發生跌倒。隨著年齡增長，各層面的發展較為進步時，孩子的動作控制能力也會提升，跌倒頻率將逐漸下降。若大人注意到孩子的跌倒頻率比同齡的孩子更為頻繁時，需要進一步探究造成跌倒的原因。

原因與影響

❶ 骨骼因素

以生理構造來看，較常見的骨骼因素為足內八和扁平足。足內八的行走步態，容易讓雙腳互相打架而自己絆倒自己，主要跟髖關節、大腿骨及小腿骨的排列有關；而扁平足，則是足部舟狀骨向下位移，

使內側足弓塌陷，甚至步行會有足外翻（eversion）的狀況。以幼兒期及學齡前期的孩子來說，通常隨著成長，骨骼肌肉更為成熟時，腿骨內轉的狀況即會改善；足弓的形成也會較為成熟，使得足內八或扁平足逐漸改善，爸媽無須過度焦慮。但若到了小學仍有明顯的足內八或扁平足的狀況且影響日常步行，則建議至骨科進行檢查。

❷ 下肢肌耐力及協調欠佳

肌肉張力較低的孩子，常常伴隨整體肌耐力較弱的問題，如步行時膝蓋彎彎、步伐拖行等。常拖著腳走的孩子，甚至會因腳背經常摩擦地板，導致趾頭背側長繭。肌耐力不足的情況下，相對也會影響協調控制的表現，包含走路步態笨拙、跑跳時換腳不順、速度控制不佳等。

❸ 感覺統合失調

在成長的過程中，除了生理構造逐漸成熟外，感覺統合的發展也很重要。感覺統合包含了前庭覺、本體覺、觸覺、視覺、聽覺、嗅覺與味覺等，這些豐富且多元的感覺輸入至大腦，經過大腦的處理及整合，協助孩子反應及適應環境中的各式變化。同時，也藉著這些感覺的整合，認識及學習自己肢體控制的能力，例如：

學習肢體控制能力

- 在不同的地面材質上（軟墊、草皮、沙灘、水泥地面等等），如何讓自己站穩。
- 腳需要抬多高，才能跨越台階。
- 前面有障礙物，我需要什麼時候開始煞車，或是如何繞過障礙物。

若感覺統合失調，大腦即無法適切地將輸入的感覺做正確的解釋，而提供了不恰當的動作輸出，就會導致孩子動作笨拙、不協調，使跌倒的意外頻頻發生。另外，視覺亦是很重要的感覺輸入之一，在探討感覺

用餐行為

穿衣與盥洗行為

日常移動行為

其他生活行為

遊戲行為

學習行為

統合前，需要先確認孩子的視力狀況是否有異常，如遠視、近視、散光、視野較小等，視力會直接影響視覺訊息的接收，故須先排除視力問題，再進一步探討是否視知覺的感覺整合有狀況。

❹ 警醒程度較低、易分心

警醒程度較低的孩子，容易恍神、對環境覺察較弱、動作反應速度較慢，無法察覺到行走時周遭的障礙，也沒辦法及時做出相對的動作反應而容易跌倒。表面上看起來心不在焉，且多數警醒程度低的孩子對疼痛閾值較高，也不怕跌倒、不太怕痛，常常會習慣反覆跌倒。

❺ 鞋子選擇錯誤

隨著孩子急速抽高，腳可是長很快的。看著鞋子汰換的頻率這麼快，許多大人會選擇購買較大的鞋，但是反而容易造成孩子絆倒。另外，需要留意的是，鞋子的材質是否過軟？太軟或太大的鞋子，皆無法提供足夠的足部穩定度，在追逐跑跳時，較容易發生絆倒、扭傷的風險。

試試這樣做

✅ 提升活動量，強化警醒程度

Point 提升專注力，增進對環境的覺察

在日常生活安排中，陪同孩子探索多元的體能活動，如騎腳踏車、足球、直排輪、游泳、兒童瑜珈等，選擇孩子感興趣的項目，建立運動習慣以提升整體活動量，進而強化警醒程度，提升日常活動的專注力，也可增加對環境的覺察，降低日常中恍神、神遊的比例。

✅ 加強下肢肌耐力及平衡、協調能力

> **Point** 提升動作的基礎能力

　　動作能力欠佳的孩子，有時會因挫折感而抗拒體能相關活動，導致練習機會減少。若將練習巧妙的融入在生活中，孩子將可不知不覺地跟著我們一起練習。舉例來說，以走樓梯取代坐電梯、鼓勵孩子挑戰走花圃邊台、嘗試走公園裡的繩梯及吊橋、把地板的大磁磚當作跳格子遊戲等，利用生活中的小遊戲，引導不喜歡動的孩子進行練習。

✅ 多嘗試不同情境的遊戲場域

> **Point** 整合感覺輸入，提升動作表現

　　不同的場域，能讓孩子體驗不同的感覺輸入，如草地、沙灘、礫石灘、濕地、PU 跑道等，踩踏的觸覺回饋、行走的平衡及阻力都不太一樣，透過一次次的嘗試，孩子可逐漸整合這些感覺輸入，提升動作表現，做出適當的動作反應，讓動作表現的流暢度更進步。

✅ 整理家裡動線

> **Point** 清出一條路，減少道路上的小地雷

　　若家裡的物品常散落一地，或是常有大大小小的障礙物在日常動線上，孩子難免容易絆倒，就連大人可能也會不小心踢到，那麼則該先著手改善居家的環境動線呦！

改善居家的環境動線

- 清出整齊的道路，避免玩具散落一地。
- 移除滑動的地墊，或於下方增加止滑。
- 移除晃動、不穩的家具。

用餐行為

穿衣與盥洗行為

日常移動行為

其他生活行為

遊戲行為

學習行為

親子遊戲這樣玩

1 跳格子

工具
● 9 片巧拼
● 1 副撲克牌

玩法

❶ 將巧拼排成 3 排，一排 3 個，且將撲克牌的 A～9 挑出（兩組花色）。

❷ 將其中一組撲克牌的 A～9 隨機放置巧拼，1 個巧拼上放 1 張牌。

❸ 另一組撲克牌洗牌後拿給孩子。讓孩子依手上牌卡的順序，跳進相同數字的巧拼格中；完成後，翻下一張繼續跳。

進階

依孩子的能力可要求雙腳跳、單腳跳、交替單腳跳或青蛙跳等。

② 蓋城堡

工具 ● 數個抱枕或枕頭

玩法

❶ 請孩子面對面，用腳猜拳。剪刀：交叉步、石頭：併腳立正、布：雙腳打開。

❷ 贏的人可以蓋一層城堡，獲得 1 個抱枕或枕頭，並踩在上面繼續猜拳。

❸ 若滑下來一次，則須繳回抱枕或枕頭 1 個。

❹ 雙方進行比賽，站穩唷！看最後誰的城堡比較高。

 Tips 小心周遭的傢俱，切勿太近，避免撞傷。

用餐行為

穿衣與盥洗行為

日常移動行為

其他生活行為

遊戲行為

學習行為

6 平衡不好，走花圃邊台沒幾步就掉下來！

☐ 做事大手大腳，身上到處瘀青。

☐ 經常跌倒。

☐ 動一下就喊累。

☐ 動作笨拙不協調。

☐ 跌倒手不會伸出來保護自己，常常手沒事，臉上卻一堆傷。

孩子蹦蹦跳跳，出遊時也喜歡跟著其他孩子到處追逐遊戲，肢體表現正常，但好幾次當大家在花圃邊台走跳玩耍，或是挑戰在平衡木上行走時，就會看到孩子身體搖晃大，幾乎無法走完全程。雖然努力想追上其他人，但腳步卻頻頻掉落，平衡感怎麼會這麼差呢？

原因與影響

❶ 前庭覺、本體覺的接收和調節不佳

身體運作就像一個交響樂團，只有當各個樂器都拿出剛剛好的演奏力度，相互配合協調彼此間的輕重緩急，才能呈現出一個玩美的演奏。一樣的道理，平衡要好，身體各面向之間也需要彼此配合，其中前庭覺和本體覺就是兩大重點能力！閉起眼睛，坐在一顆瑜珈球上，隨著瑜珈球的晃動，主管速度和平衡的前庭覺，就會順勢開始處理搖晃和抓回身體重心；這樣的運作還需要搭配著本體覺，讓各肌肉關節憑著受壓

程度來回報自己的位置，才能給大腦一個全面的訊息：知道身體現在在怎樣的姿勢，是不是要失去平衡跌倒了？這兩大能力相互調節得當，平衡感才會好！

❷ 肌肉張力低，身體穩定性不夠

平衡需要一定的肌肉力量，才能在面對搖晃時給出穩定身體姿勢的作用。有些孩子動作無礙，但就是看起來軟綿綿沒有力氣；有些孩子活潑好動活動量大，但仔細一看其實耐力不好，或是對於精巧協調的動作，無法穩定流暢地出力，而這些都是影響平衡的背景因素，不可輕忽。

試試這樣做

✔ 「速度＋控制」提供大量身體速度控制的經驗

Point 增加前庭覺、本體覺的相互調節能力

不論是草地滾滾樂、翻跟斗、旋轉咖啡杯，這些玩久會嗨、做久會暈的遊戲，都是強烈的前庭覺刺激。但為什麼有些孩子怎麼做都不會暈？這代表著孩子的前庭覺閾值比一般人高，自然需要更多的刺激量才能獲得滿足。既然如此，就來玩大量旋轉和衝刺的遊戲吧！像是：高塔溜滑梯、滑草、盪鞦韆、玩旋轉盤、騎腳踏車等，讓孩子滿足對「速度」的追求。再來，「控制」的部分，則要配合本體覺，讓肌肉關節同時間也能穩定的幫忙做出維持的動作，像是：玩旋轉後走直線、溜下滑梯後再次出力抓繩爬向高塔、邊奔跑邊繞過障礙物。一衝一穩，「速度＋控制」相互調節搭配的經驗一多，就越能駕馭平衡囉！

用餐行為

穿衣與盥洗行為

日常移動行為

其他生活行為

遊戲行為

學習行為

✅ 玩單腳和調整重心遊戲，提升平衡力

> **Point** 動靜之間，感受平衡

要穩穩地的走在窄面的動線上，需要良好的單腳平衡力！舉凡單腳站、單腳跳、用腳運球、在戶外跨過小溝渠、在石塊間跳躍，都能在腳步移動的同時，訓練身體拉回重心維持穩定。除了以上的動作，還能挑戰玩跳格子、腳接著腳走直線、單腳向前跳繞過障礙物、閉眼單腳站、溜直排輪、騎腳踏車、滑滑板等，邊玩邊摸索出平衡感。

✅ 放慢速度、牽著孩子手腕或輕抓衣物

> **Point** 由大人掌握協助量，孩子不依賴

訓練平衡的小秘訣：練習走花圃邊台時，不要讓孩子牽住大人的手。如果讓孩子逕自牽著大人，一旦失去平衡孩子就會把整個身體重心放到大人身上，而不是嘗試自己調整回來。當孩子需要協助時，應改由大人主動握著孩子手腕或輕拉肩頭衣物，視孩子的平衡表現來決定要提供多少的力氣幫忙，才能逐漸抓到平衡訣竅。

✅ 足夠的跑跳攀爬出力心肺遊戲

> **Point** 大小肌肉有力氣，打造平衡力基礎

增加孩子每週出門戶外跑跳的時間，玩得滿頭大汗後，孩子不僅放電好睡，情緒和動作表現也會較穩定。在跑跳追逐的過程中，能鍛鍊心肺能力，也能讓大小肌肉更有力氣；有了有力的身體做靠山，平衡和協調的技巧才有好的基礎往上發展。試試看，幫助孩子建立運動習慣，每天安排 1 小時的大肌肉活動時間，可以是騎腳踏車、跑跳丟球、玩攀爬、跳床、攀岩、游泳，或是跳舞和兒童瑜珈。小小作息改變，持之以恆，就會回饋給孩子大大的進步。

親子遊戲這樣玩

1 親子瑜珈

玩法

1 親子瑜珈動作可參考書籍或網路，一起和孩子玩瑜珈！

2 透過瑜珈不同的體位，促進肌耐力發展、提升平衡、強化肢體協調，還能練習靜心，親子關係也更緊密。

用餐行為

穿衣與盥洗行為

日常移動行為

其他生活行為

遊戲行為

學習行為

親子遊戲這樣玩

② 腳黏腳 123 木頭人

工具
- 3 條跳繩
- 1 捲膠帶

玩法

① 以跳繩在地上擺出直的、彎曲的、繞圈的路線，以膠帶固定。。

② 請孩子手叉腰，腳跟接腳尖沿著跳繩走在線上，保持平衡走在路線上，練習平衡力。

③ 搭配 123 木頭人遊戲，聽到「木頭人」動作暫停時，姿勢維持不搖晃。

進階

可依孩子的能力加快 123 木頭人的速度。

PART 4

生活

其他生活行為

用餐行為

穿衣與盥洗行為

日常移動行為

其他生活行為

遊戲行為

學習行為

1 小手蠻有力，但擰不乾小毛巾？

☐ 會將毛巾揉成一團，在手中擠壓。

☐ 小手軟軟的，抓握毛巾使不出力。

☐ 雙手僅用力捏擠毛巾，並未出現扭轉動作。

☐ 雙手有反向扭轉動作，但停留在扭轉的時間過短，急著交差了事。

☐ 有扭轉動作，但雙手動作非同步反向扭轉，動作不協調，常常整個身體也歪斜。

入學後，許多生活自理需要獨立完成，包含吃飯、刷牙、洗臉等，少了家人的協助，許多生活自理的小問題漸漸浮出。「咦！孩子玩積木、投球都沒問題，看起來小手蠻有力的，怎麼每次毛巾都擰不乾，水一直滴滴滴的。」或許毛巾擰不乾，手部肌耐力只是其中一個可能因素，讓我們觀察看看孩子可能哪個環節出了問題。

原因與影響

• • • • • • • • • **擰毛巾的分解步驟** • • • • • • • • •

抓緊毛巾　→　協調的扭轉毛巾　→　確認還有哪裡不夠乾　→　完成擰乾毛巾

❶ 手部肌耐力不足

　　肌耐力不足，直接影響抓握表現，則難以使出力氣抓緊毛巾。建議在日常遊戲中，增加操作性玩具，包含積木、黏土等，加強抓握及操作力量。

❷ 缺乏耐性

　　對於日常自理細節較不在意的孩子，有時會附和著大人的指令，擰幾下交差了事。孩子並非不會擰毛巾，而是需要小技巧讓他耐著性子把任務完整地完成。

❸ 本體覺回饋不佳／雙側協調欠佳

　　在發展過程中，本體覺回饋是協調控制的調節基礎。本體覺回饋不佳的孩子，肢體的控制容易表現出笨拙、不協調的樣子。擰毛巾的過程中，左手和右手分別的動作方向是相反的，若雙側協調欠佳，孩子可能無法妥善的運用雙手完成擰毛巾的動作。若常觀察到，孩子的雙手同向扭轉或是雙手扭轉時，前臂及軀幹不穩定、歪斜，這些狀況都無法順利施力於毛巾，並擰乾水。

試試這樣做

✅ 換小條一點的毛巾使用

> **Point** 先駕馭小毛巾，再逐漸挑戰大一點的毛巾

　　針對抓握力量較小的孩子，可先從小方巾開始練習。若選擇較小條的毛巾、較薄的毛巾，可降低毛巾的體積，孩子的手比較容易抓住、抓緊。亦可選擇較不吸水的毛巾，提升孩子成就感。吸水力太好的毛巾，常讓孩子怎麼擰都還有水滴下，同樣動作反覆動作太多次（約超過 6 次）易失去耐性，而感到挫折或反感。

用餐行為

穿衣與盥洗行為

日常移動行為

其他生活行為

遊戲行為

學習行為

擰毛巾步驟示意圖

步驟 1

將毛巾對折成手可抓握的寬度。

Tips
・過長的毛巾較不易施力。
・因毛巾較軟，練習時亦可以長條黏土、報紙捲作替代練習。

步驟 2

長條毛巾分作兩半，抓握左一半，雙手反向扭轉。且右一半同樣方式操作。

Tips 選擇操作較容易的毛巾。
・小條毛巾
・較薄的毛巾
・較不吸水的毛巾

✅ 單手由大人協助抓握，提供穩定端

Point ▶ 雙手不協調，就從單手扭轉練習吧！

大人協助抓握非慣用手提供穩定端（若尚未發展出慣用手，則兩手皆可），讓孩子的慣用手執行扭轉動作。對於雙側協調不佳的孩子，我們可以從單側開始練習扭轉的手腕控制技巧，且於大人提供肢體協助下（如下圖），孩子較可專注於操作端的單手扭轉控制。

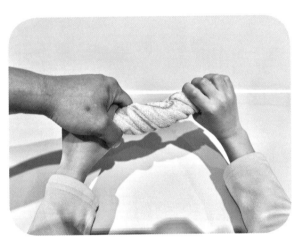

▲ 大人的手提供穩定，孩子專注在單手扭轉。

✅ 扭緊、讀秒數

Point ▶ 讀秒數可延長動作持續時間

孩子急著來回擰兩下，交差了事嗎？大人可以一起和孩子扭緊後，數 5 秒，延長扭轉時間，增加擰乾效率。若毛巾較長，則需要分多區塊扭轉，分別扭緊數 5 秒。結束後，引導孩子摸摸看毛巾，是否還是濕答答的，練習自我檢查毛巾狀態。

用餐行為

穿衣與盥洗行為

日常移動行為

其他生活行為

遊戲行為

學習行為

✅ 繞過水龍頭雙手一起扭

> **Point** 改變操作方式也是一個辦法

針對握力非常小或是雙側動作分化欠佳的孩子，可嘗試將毛巾繞過水龍頭（如下圖），對折後雙手同向扭轉，擰乾毛巾。透過改變操作方式，以水龍頭作為穩定端，讓雙側動作分化較弱的孩子獨立完成擰毛巾。

▲ 可嘗試將毛巾繞過水龍頭，對折後雙手同向扭轉，擰乾毛巾。

親子遊戲這樣玩

① 飛天魔毯

工具 ● 2 條大毛巾

玩法

❶ 請孩子盤坐在毛巾上。

❷ 孩子和大人雙手緊握著長條狀毛巾的兩端。

❸ 由大人拉著孩子前進。

進階

也可在家中排放椅子或其他障礙物，繞過障礙。

Tips　大人拉的時候不要過快，以免孩子沒力，有可能會向後傾倒，需要特別注意。

Tips　建議使用阻力較大的黏土，增加孩子操作力量，較不建議以輕黏土做練習。

② 擠黏土

工具 ● 1 包黏土

玩法

❶ 將黏土搓成大圓，放入手中。

❷ 以單手用力擠壓，將黏土從虎口擠出。

❸ 比比看，誰擠出的黏土比較多。

用餐行為

穿衣與盥洗行為

日常移動行為

其他生活行為

遊戲行為

學習行為

2 常忘記去尿尿，到最後一刻來不急尿褲子！

☐ 白天不用穿尿布，但有時候會很常尿褲子。
☐ 玩玩具太專心，喊很多次才注意到聲音。
☐ 很難一心二用，無法同時做兩件事情。
☐ 明明有想尿尿的動作卻不主動去廁所。

　　孩子明明已經戒尿布成功，白天都不需要包尿布，卻突然又開始尿褲子，詢問之後小孩都說，忘記了，該怎麼辦呢？學齡前的孩子經常有明明學會了卻又忘記的情況發生，讓大人感覺前進三步退一步，那在尿尿這件事情上可能的原因有哪些呢？

原因與影響

❶ 環境有些變動感到焦慮緊張

　　幼兒園或是日常生活中不免會有一些變動，例如：換老師、換同學或是節慶活動幼兒園的課程有所變化，對於變化比較敏感的孩子可能會因此感到焦慮緊張，在情緒影響下也很容易把原本學會的事情忘記，或是因為緊張而頻尿。

❷ 對於大小便感到壓力

　　在日常生活的學習上面，本來就有可能進進退退，可能連續成功幾次但偶爾失敗，在失敗的經驗下大人的反應或是整體的氛圍讓小孩感到壓力。

❸ 不想停下來去尿尿

　　有時候小孩在遊戲或是與同儕玩樂時，常常因為太有趣而憋尿，就像是大人在看電影看到緊要關頭總會忍一下一樣，學齡前的小孩比較沒有「等一下可能會很久」，或是「多久要尿尿一次」的概念，所以玩得起勁時經常以為自己還可以憋而不小心尿褲子。

❹ 沒有注意到自己的尿意

　　有時候小孩非常投入到連自己有尿意都沒有發現，或是較難以一心二用，無法同時注意手上的事情又同時注意自己的身體感受，等遊戲結束才發現自己想尿尿，或是等到超級想尿尿來不及時才發現。

❺ 天氣或是其他生理因素

　　秋冬最容易突然尿床尿褲子，因為氣溫下降沒有排汗的幫助，跑廁所的頻率增加，有時候又害羞不敢說，結果憋尿到最後不小心尿出來。另外，如果排除以上因素也有可能是膀胱或是尿道炎，建議尋求專業檢查找出原因。

▲ 在日常生活的學習，大人的反應或是整體的氛圍讓小孩感到壓力。

用餐行為

穿衣與盥洗行為

日常移動行為

其他生活行為

遊戲行為

學習行為

試試這樣做

✅ 幾歲戒尿布

Point 戒尿布每個人都不一樣，準備好再開始更容易成功

通常 2 歲左右可以開始訓練，但要先觀察小朋友有沒有以下表現，再來決定戒尿布的時機。

戒尿布的時機

- 了解廁所以及馬桶的用途，有固定大便的時間。
- 想要大小便時會釋出一些訊號，如站著不動。
- 尿布濕了可以跟大人表達。
- 一次的尿量較多，不會滴滴答答尿很多次。

✅ 固定時間如廁

Point 讓小孩建立時間概念，注意身體感覺

觀察出孩子大致上如廁頻率以及時間後，建議可以固定時間帶小孩去上廁所，如果數到 10 都沒有尿出來就不用硬要尿沒關係，讓小孩培養如廁以及時間觀念。

✅ 耐心引導不責備

Point 小孩覺得好才會做得更好

建立一個新的習慣本來就有一定的壓力，本來學會但突然失敗小孩一定也會失望，畢竟他不是故意的，大人的鼓勵以及引導非常重要，

若是失敗也可以帶著小孩一起洗褲子或是曬衣服，建立小孩負責任克服難關的態度。

✅ 多多觀察小孩狀況

Point▸ 讓小孩意識到自己想尿尿有哪些動作

大部分的人在憋尿的時候都會有一些小動作，小孩更為明顯，若是在家裡遊戲時，觀察到孩子有一些想尿尿的動作但憋著，可以適時的提醒他，如「你的屁股開始扭來扭去，需要我陪你去廁所嗎？」可以描述出小孩的行為，在暫停遊戲或是活動邀請他一起去廁所，一方面也是讓他自己意識到是否有尿意。

✅ 提升專注力

Point▸ 提升小孩對於自我身體感受的覺察能力

對於感覺比較遲鈍，比較沒有注意到自己身體感受、常常受傷不自知的小孩，可以試試看專注力相關的遊戲或是運動，如直排輪、游泳等，需要專心於身體回饋，來讓小孩習慣注意到自己的身體狀態。

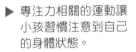

▶ 專注力相關的運動讓小孩習慣注意到自己的身體狀態。

161

用餐行為

穿衣與盥洗行為

日常移動行為

其他生活行為

遊戲行為

學習行為

親子遊戲這樣玩

1 我是小木偶 1

工具
- 1 個口罩或是眼罩
- 1 個鏡子
- 1 張貼紙

玩法

❶ 請小朋友坐或站在鏡子前，閉上眼睛或使用眼罩／口罩矇住眼睛，告訴他：「等一下要用心認真的感受，記住被貼到的地方。」

❷ 在小孩閉上眼睛準備好之後，在小孩身上貼上 3～5 張貼紙，力道的部分不用太大力，輕輕摸過但讓他知道貼紙在這裡。

❸ 貼完之後請小孩試著把貼紙撕掉（矇眼），撕完之後睜開眼睛照鏡子看看是否還有沒撕掉的地方？

進階

可因貼紙的數量、貼上去的力道不同有變化，愈輕柔的的動作愈難。貼貼紙的部位也可以有所不同，如隔著衣服貼較不敏感，靠近腹側以及臉部的地方比較敏感，像是：手心比手臂敏感，大腿內側比大腿外側敏感。

Tips 主要是讓小孩能夠把注意力放在自己身上的感覺回饋，透過練習來讓小孩對於感受更加敏感。

② 我是小木偶 2

工具
- 1 個口罩或是眼罩
- 1 個鏡子
- 1 支手機

玩法

① 熟悉上一個遊戲後，就可以進入第二階段囉！請小朋友閉上眼睛，想像自己是小木偶，大人幫小孩擺出動作，如一隻手高舉、另一隻手放背後。

② 完成後請他維持姿勢幫他拍照。

③ 拍完照後，請小孩在矇眼的狀態下擺出與剛剛一模一樣的姿勢（一隻手高舉、另一隻手放背後）。

④ 完成後睜開眼睛，看看鏡子裡的動作跟照片裡的動作是不是一樣。

進階

難度可自行調整，如視左右是否一樣而有不同，如右手舉一半、左手向上伸直會比兩手都伸直還要困難。

Tips
遊戲過程中如果發現太過困難，成功次數較低，可以把遊戲變簡單，或是先讓小孩當出題目的人，大人當被貼貼紙或是小木偶的一方，輪流交換角色比較有趣味性。

用餐行為

穿衣與盥洗行為

日常移動行為

其他生活行為

遊戲行為

學習行為

3 很怕水噴到臉上，討厭洗澡、洗頭！

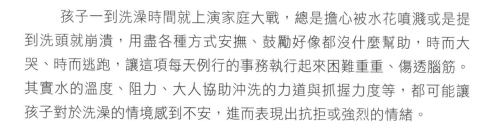

☐ 無法接受洗澡中水花、水柱噴濺，尤其在意噴到臉、眼睛或嘴巴。
☐ 對於水的溫度很敏感，一點變化就無法忍受。
☐ 討厭以濕毛巾擦拭臉部。
☐ 一聽到洗澡就伴隨強烈情緒反應。
☐ 排斥洗頭時水花或洗髮精接觸到臉。

　　孩子一到洗澡時間就上演家庭大戰，總是擔心被水花噴濺或是提到洗頭就崩潰，用盡各種方式安撫、鼓勵好像都沒什麼幫助，時而大哭、時而逃跑，讓這項每天例行的事務執行起來困難重重、傷透腦筋。其實水的溫度、阻力、大人協助沖洗的力道與抓握力度等，都可能讓孩子對於洗澡的情境感到不安，進而表現出抗拒或強烈的情緒。

原因與影響

❶ 討厭水花、泡泡噴濺在臉上、眼睛或嘴巴等較為敏感的部位

　　臉部、眼睛與嘴巴是身體中相對較敏感的部位，需要一些時間來適應不同類型的觸覺刺激。例如：拍打水面噴濺的水花、水龍頭的水柱、擾動的水流、蓮蓬頭的灑水所給予的觸覺感受都不同，因此對於部分觸覺較為敏感的孩子，可能需要更多時間嘗試與適應，才能接受水接觸在臉上的感受。

❷ 對於洗澡時不是預期中的噴濺感到焦慮不安

　　這類型的孩子可以接受事先預告狀態下的淋水，但在洗澡過程當中難免會有無法預期的水花濺起，孩子可能對於突然被潑濺的情形感到焦慮不安而抗拒洗澡或洗頭。

❸ 過去有相關不開心或不舒服的經驗

　　很多孩子不喜歡洗澡是因為過去有不適或不佳的洗澡經驗，也許是過強的水柱、過冷、過熱或不穩定的水溫，也可能是大人協助清洗時太大力、抓太用力或是洗澡時經常催趕、謾罵孩子，都可能讓孩子抗拒。

❹ 總是突然在孩子玩的時候打斷、要求洗澡

　　若洗澡時間經常不規律，或總在孩子玩到一半、做事到一半時要求立刻洗澡，使孩子把「洗澡」與「無法繼續玩」做連結，因而排斥洗澡。

試試這樣做

✔ 漸進親水不強迫

> **Point** 強迫只會讓孩子更抗拒，漸進鼓勵進步快

　　可以從毛巾沾點水開始、慢慢漸進到小花灑（洗澡玩具或是小型澆花器）、最後再到水杓或蓮蓬頭的淋水。淋的方向也可以從孩子不那麼敏感的背部開始，依序淋往：脖子、後腦勺、頭頂、臉頰、全臉，每淋一個部位都先停一下，仔細觀察孩子的反應，若無明顯不適再進行下一步嘗試。親水練習時大人要營造輕鬆、有趣的氛圍，面帶微笑，以正向的方式引導，會有加倍的效果唷！

用餐行為

穿衣與盥洗行為

日常移動行為

其他生活行為

遊戲行為

學習行為

✅ 水花噴濺不要急著擦

Point ▶ 讓臉部有水花停留的經驗，更快適應

當觀察到有水花噴到孩子臉上，不要急著拿乾毛巾擦掉，以溫和的語氣告訴孩子，「沒關係、沒事」，使水珠稍微停留在臉上，讓臉部有水花接觸的經驗，以幫助孩子更快適應。接著大人再示範以手或毛巾將水珠抹掉的動作，並盡量鼓勵孩子自行完成，讓孩子相信自己有能力面對與解決這樣的不適，而不需逃避或以情緒方式來表達。

✅ 加入遊戲性、鼓勵主動拍水

Point ▶ 自己拍起的水花比較能接受

在洗澡的過程中大人可以唱唱歌，鼓勵孩子按照節奏拍拍水花、淋淋水，通常孩子對於自己拍起的水花比較不會抗拒，同時可以準備一些簡單的洗澡玩具，如：塑膠球、淋水玩具、發條玩具等，在遊玩過程中讓孩子漸漸適應各式水花，享受洗澡的樂趣。

✅ 固定時間洗澡、洗澡前預告

Point ▶ 讓孩子能預先做好準備，不打斷遊戲

如果我們正在做一件很有興致的事，突然被打斷要求去洗澡，感受是否也不太好呢？對於孩子而言也是如此，若總是在沒有預告下被打斷玩樂、並被要求立刻去洗澡，很容易會對洗澡感到排斥，因此可以與孩子事先約定每天洗澡的時刻或確切時間（如放學回家後要立刻洗澡或是 8 點半是澎澎時間），若每天時間安排比較不固定，可以在洗澡前 15 ～ 30 分鐘提醒孩子等等要洗澡，幫助孩子事先準備好心情唷！

親子遊戲這樣玩

① 我是拍水節奏王

工具 ● 1 個小浴盆或浴缸放滿洗澡水

玩法

❶ 邀請孩子一起唱一首兒歌，同時搭配節奏拍拍水。

❷ 請孩子注意大人拍水的節奏，並邀請孩子模仿，例如：拍兩下水、拍一下手。

進階

可以邀請孩子認真聽歌，當聽到指定的字就要拍水，如：兒歌「倫敦鐵橋垮下來」，聽到「垮」就要用力拍起水花。

用餐行為

穿衣與盥洗行為

日常移動行為

其他生活行為

遊戲行為

學習行為

親子遊戲這樣玩

② 淋水猜一猜

工具
- 1 個造型花灑
- 1 個蓮蓬頭或任意水瓢

玩法

❶ 大人可以從毛巾沾點水開始將水淋到孩子身上。

❷ 慢慢漸進到小花灑（洗澡玩具或是小型澆花器），最後再使用水杓或蓮蓬頭。

❸ 水量由小漸大，從不敏感淋到較為敏感的部位：手腳、屁股、背部、肚子、胸口、脖子、後腦勺、頭頂、臉頰、全臉。

進階

依據上述漸進式淋水工具，搭配遊戲玩親水，漸漸適應後，請孩子閉上眼睛，大人隨機淋一個部位，讓孩子猜一猜。

4 手總是愛到處亂摸！！

☐ 喜愛沿著牆壁來回走，邊走邊摸。
☐ 看見琳瑯滿目的商品，東碰西碰。
☐ 喜歡揉紙張、衛生紙或橡皮擦屑。
☐ 出門經常手上拿著小物品或玩具。
☐ 好奇他人衣著或物品，會直接摸。

　　孩子有伸手觸摸的動作，表示對周遭環境開始出現好奇心，觸摸背後帶給孩子的是對事物的探索力、對認知的學習力與安定情緒的作用。我們可以思考，生活中自己的「主動觸摸」行為。

生活中主動觸摸行為

- **發生在什麼時候？**

  可能是發呆、講電話、緊張焦慮、專注思考時。

- **有哪些觸摸行為？**

  可能是摸包包的吊飾、玩桌上的小紙團、搓搓手指尖、撫摸自己的頭髮。

- **當下有什麼感受？**

  可能是舒服、安心、甚至不自覺的想這樣做。

169

用餐行為

穿衣與盥洗行為

日常移動行為

其他生活行為

遊戲行為

學習行為

無論如何，只要不影響他人、不破壞環境、不造成危險，行為表現在環境的合理範圍內，「觸摸刺激」可以讓我們專心做事、追求舒服與安定感，帶來正向的效果。

孩子對外界的好奇心強，心智與學習尚在發展階段，對主動觸摸的表現跟大人不同。若出門總是愛到處亂摸，且每次提醒但效果依然不好，出現弄亂或破壞店家的商品、影響他人做事或因為想東摸西摸而坐不住的情況，表示這些「觸覺尋求」雖然滿足了孩子，但卻影響了周圍他人，此時需要大人的行為引導並給予適度的包容，讓不合適的觸摸行為獲得改善。

原因與影響

❶ 大腦對觸覺刺激尋求量多

如同活動量大的孩子，若沒有適度安排戶外活動，滿足他想要衝、跑或跳的刺激，孩子就會自己想辦法找空間跑來跑去、上衝下跳，無論場所適不適合，可以想像成「孩子肚子餓，大人給的食物不足，而出現自己找飯吃的行為」。觸覺尋求量大的孩子，不只是偏愛用「觸摸」展現對環境的好奇，更多時候是「享受」觸覺帶來的感覺，當下孩子會進入一個好像與外界隔絕的狀態，在自己的小世界中，當大人出面阻止時，才知道自己剛才的行為是不可以的。

❷ 衝動控制能力尚未成熟

3～6歲的孩子，前額葉尚未發展成熟，自我控制能力無法抑制衝動行為，也就是「看到刺激，無法忍住不動作」；以及無法在執行前就先思考可能造成的後果，導致行為反覆發生。當大人理解孩子的衝動行為，是前額葉發育不成熟的表現之一，而不是故意想挑戰大人的原則底線，自然能使用正向的言語、同理的心情做溝通與引導。

試試這樣做

✅ 提醒語要使用肯定句

> **Point** 直接告知要孩子做的「好行為」，做當下該做的事

大人帶孩子到一個環境，若已經預期到孩子可能會有的行為表現，切勿在尚未發生前就不斷叮嚀，「等下不要亂摸、你不要亂碰」，以免引發孩子更想做的慾望。對「不要」兩個字，孩子大腦通常會自動忽略，反而會去做不要後面的那件事。因此直接提醒孩子，「小手記得放口袋」、「用眼睛看就好」，並解釋不可以做的原因，像是：「弄破的東西要花錢買下來」、「亂摸別人，對方會不舒服，覺得我們沒禮貌喔！」

✅ 建立「詢問」的習慣

> **Point** 當下沒做到，記得倒帶「再重演一次」

做之前先詢問，在行為感受上會讓對方比較舒服，降低孩子被大人責罵的情形。動作之前，建立思考的習慣，能有效刺激大腦前額葉的發育。通常養成一項習慣需要 90 天的時間，因此孩子前期雖然答應大人，但當下做不到是正常的現象，要給的是更多的練習機會，而不是責備。當事情發生，若當下的環境情況允許，大人引導孩子重新再來一遍，詢問大人，「媽媽我可以摸這個嗎？」增加大腦做出「對的行為」的頻率。

✅ 學習判斷場合與物品性質

> **Point** 給觸摸行為一個具體的標準，並保有彈性空間

引導與糾正孩子的行為，除了告知不可以做的原因，更重要的是提供孩子「你可以怎麼做」的方法，才能取代不合適的行為。只能「眼睛看的」，如陳列的熟食、書局的玻璃商品、危險的工具、裝了熱水的容器、穿戴在別人身上的物品。只能「輕輕摸的」，如市場的蔬果、

用餐行為

穿衣與盥洗行為

日常移動行為

其他生活行為

遊戲行為

學習行為

書局的娃娃或玩具，適度給予探索環境的彈性。另外，當行為界線設定好，孩子依然無法控制，判斷事件性質是安全的情況下，適度運用「自然後果」，也就是讓孩子去經歷自己選擇不當的結果，學習為自己的行為負責，而不需要一味地阻止孩子不能摸。

✅ 陪孩子一起準備「觸覺小包」

> **Point** ▶ 滿足觸覺需求，同時也符合環境規範

若孩子外出經常無法控制的到處亂摸，出門前可以帶喜愛的書本、小玩具或安撫物，讓孩子在外面等待時有自己的東西可以玩。若場所人潮多且商品排列密集，記得牽著孩子的手，甚至請他幫忙拿東西，給小手事情做就不會想碰東碰西喔！

✅ 多元的手指觸覺遊戲

> **Point** ▶ 找出孩子喜愛尋求的觸覺模式，延伸至遊戲中

觀察孩子經常喜愛觸摸的材質，是偏向表面絲滑、粗糙、毛茸茸、還是軟軟的；以及觸摸的方式，是喜歡捏、按壓、搓揉還是滑過表面，提供類似的感覺遊戲來滿足他。另外，玩手指出力運動，能有效抑制過多的觸覺需求，帶孩子玩手指畫（用可水洗的水彩或手指膏）、手指蓋印章、揉麵團做餅乾或麵包、毛根遊戲（纏繞筆桿、容器或自行創作）、黏土遊戲（用質地較硬的矽膠黏土、感統黏土，或操作模具玩扮家家酒）與摺紙遊戲。

親子遊戲這樣玩

① 創意吹風機

工具
- 1 個有彈性的塑膠瓶（可重複按壓）
- 數個瓶蓋
- 1 支筆
- 1 張貼紙或圖片
- 1 捲雙面膠

玩法

❶ 裝飾瓶蓋：在瓶蓋上貼貼紙或在紙上畫蝴蝶、瓢蟲圖案，再用雙面膠貼上去。

❷ 請孩子用雙手或一手按壓空瓶，藉由空瓶擠出來的風，讓瓶蓋前進。

❸ 請孩子將全部的瓶蓋都移到終點。

進階

雙人遊戲時，可用瓶蓋圖案區別出兩個玩家，看誰最快把瓶蓋都移到終點。

Tips 重複按壓可提供手指指腹深壓覺，抑制與滿足觸覺尋求。

用餐行為

穿衣與盥洗行為

日常移動行為

其他生活行為

遊戲行為

學習行為

親子遊戲這樣玩

② 我的觸覺板

工具
- 1 張有圖案的畫紙
- 1 瓶白膠
- 1 支小刷具
- 一些可黏貼的素材
  （枯葉、花瓣、豆子、蛋殼、毛根、毛線、不織布）

玩法

① 挑選有孩子喜愛圖案的畫紙（或自由創作）。

② 將不同的素材，黏在圖案範圍內，或沿著輪廓貼，創造屬於自己的觸覺板。

進階

請孩子製作不同觸感的觸覺板，像是「要摸起來柔柔毛毛的」或「摸起來一粒粒凸凸和刺刺的」，請孩子挑選合適的素材製作。

Tips 讓孩子感受不同材質的觸感，滿足觸覺需求。

5 經常打翻、撞到周邊的物品或人

□ 想拿桌上的東西，卻經常先撞到它旁邊的物品。
□ 穿梭在同學之間，卻經常撞或踩到同學被告狀。
□ 玩假想遊戲，假裝揮舞的動作卻常真的打到人。
□ 大肢體的遊戲課，跨或跳躍障礙物常被絆倒。
□ 身體時常有瘀青，自己卻不曉得怎麼受傷的。

　　孩子是否曾被幼兒園老師反應在奔跑時，撞到旁邊的同學；或上課舉手回答問題時，手揮到旁邊的人；或在吃飯時打翻碗裡的食物、桌上的杯子等。成長中的孩子，需要透過大量的生活與動作經驗，學習運用自己的肢體，上述的情況若偶爾出現，大家能理解孩子不是故意的，但若經常發生且出現在兩個情境以上（如家中跟學校），就會造成孩子經常被大人責備。若多次提醒依然沒有改善、答應會小心但卻反覆發生，可能會影響校園的人際關係與做事品質，這時就不能說孩子只是不小心、沒注意，可能是「本體覺」出了問題，需要幫忙了！

　　打翻與碰撞行為，都與「預測自己肢體和物體間的距離」有關，與開車時拿捏車輛間距離的感覺非常類似。孩子若能學習如何掌握自己肢體的位置、方向，和周遭物體或人保持適當距離，自然能降低事後的收拾與道歉行為，並大幅改善做事效率與社交表現。

用餐行為

穿衣與盥洗行為

日常移動行為

其他生活行為

遊戲行為

學習行為

原因與影響

❶ 本體覺發展尚未成熟

本體覺發展成熟，可以有效掌握自己身體的移動範圍、知道自己肢體與周遭之間的距離，並做出一連串流暢的動作。簡單來說，就是清楚身體位置概念、能做出想要的動作與精準掌握與物體的相對位置。而本體覺發展尚未成熟的孩子，通常不曉得事情是怎麼發生的，在搞不清楚的情況下，就受到大人的責備、同學的抱怨，環境的負向回饋，孩子容易出現低自信、團體參與度不佳，甚至延伸出想引起他人關注的刻意行為。

❷ 做事較急且衝動

若孩子有伴隨注意力不集中情形，無法覺察周邊的環境狀況，未經思考與判斷下就衝動行事；或因為個性較急，一心只想趕快完成，接著要去做別的事情，也會讓孩子的動作品質大幅下降。

試試這樣做

✔ 將動作的速度放慢

> **Point** ▶ 讓孩子好好感受自己肢體的動作和位置

當動作太快，就不容易覺察事情是怎麼發生的，對自己當下做了哪些動作，感受不深刻。先引導孩子把動作放慢，讓大腦專注在自己的肢體上，甚至大人將孩子的動作轉化為口語，像是：「手抬高高、手肘伸直，一下就拿到水壺了，做的很好！」敘述時同步觸碰孩子的肩膀、手肘，來強化對動作的感受。

176

✔ 做事情眼睛要看著

Point▶ 增加視覺做輔助，能更好掌握距離

引導孩子做事眼睛同步要看著目標物。像是跨越門檻時，頭低眼睛看，或在學校從水壺車拿水壺時，眼睛應盯著水壺直到水壺拿起後，視線才能移開。經過多次練習，當本體覺逐漸發展成熟，有些日常動作用餘光就能順利完成。

✔ 給物品固定的位置

Point▶ 建立良好習慣，環境中的擺設盡量簡單

環境盡量保持簡潔，太多雜物會增加孩子打翻或撞倒物品的頻率。生活中的物品，要有固定的擺放位置，像是：餐桌上的餐具和水杯、學習桌的文具或遊戲區的玩具；讓大腦能預期並習慣性的做出正確動作，提升正向經驗。

▲ 動作放慢、增加視覺做輔助，能更好掌握距離。

177

用餐行為

穿衣與盥洗行為

日常移動行為

其他生活行為

遊戲行為

學習行為

✅ 判斷情境調整行為

> **Point** ▶ 建立自我覺察，清楚自己哪些時候容易出錯

　　與孩子共同討論和回顧，過去有哪些動作經驗因為自己的不小心或衝動，造成身邊的人或自己受傷，甚至影響別人或自己覺得委屈、後悔的事。想想替代策略，下次出現相同情境時，應該怎麼避免。如走廊上有同學在排隊，經過就要用走的；想跟同學玩戰士遊戲，就要在大一點的空間，並記得保持距離，不能碰觸到對方身體。

✅ 從生活中找出自信

> **Point** ▶ 具體鼓勵好行為，不過度責備已發生的事

　　從生活細節發掘好行為，讓孩子知道自己是有能力做到的，讓他更有動機想表現給大人看。像是：「今天自己收拾玩具，地板看起來很乾淨，你怎麼做到的？」、「今天在學校跟同學玩，你沒有碰到他的身體，做得很好！」對已經發生的事，重點放在解決問題。像是：打翻了→先拿抹布來擦；撞到人了→先關心同學有沒有受傷。讓孩子學習為自己的行為負責，先把事情處理好，大人再了解發生的原因，做事後的溝通。

✅ 當生活中的好幫手

> **Point** ▶ 增加生活中的操作機會，累積動作經驗

　　放手並鼓勵孩子參與生活中的大小事，無論是自我照顧、家事活動或點心製作。增加雙手操作經驗，從動作中感受自己身體的位置、手腳和物品的距離；經驗會告訴孩子這樣做會撞到，那樣做可以更好，還可將孩子做好的成果分享在社群，增加成就感。

親子遊戲這樣玩

① 閃躲快手

工具
- 1 個桌上迷你吸塵器
- 1 個黏性滾輪
- 1 台小汽車
- 1 張紙及些許小物品（文具小物或小玩具）

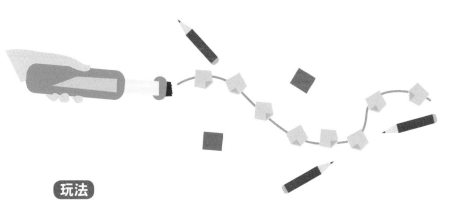

玩法

① 將紙撕成小小的紙片。

② 把小物品當成障礙物，設計一條障礙動線。接著把紙片排在障礙物間，與障礙物的距離要讓吸塵器或滾輪可以通過。

③ 移動吸塵器或滾輪，沿路將紙屑吸或黏起來，記得不能碰到旁邊的小物品。

④ 讓孩子用不同速度進行，如快、很快、超快。

Tips 年紀小的孩子，可直接用手指或小汽車穿越障礙動線，練習小範圍的測距能力。

用餐行為

穿衣與盥洗行為

日常移動行為

其他生活行為

遊戲行為

學習行為

親子遊戲這樣玩

② 跑跳障礙賽

工具
- 1 張矮凳
- 1 個紙箱
- 1 個長柄清潔用具
- 幾個中型玩具

玩法 1

❶ 請孩子用快走或跑步的方式繞 S 型，過程不能碰到障礙物，練習移動中的測距能力。。

❷ 行進方式多元，請孩子聽指令用青蛙跳、鴨子走或蜘蛛爬方式前進。

❸ 可在起點與終點搭配套圈圈或拼圖，將趟數明確化。

玩法 2

❶ 用連續跳躍的方式，跨越物品。

❷ 可用前後腳跨跳或雙腳同時跳躍的方式進行。

進階

可限制遊戲時間，增加難度。

Tips　建議大人錄影，陪同孩子回顧和討論。

用餐行為

穿衣與盥洗行為

日常移動行為

其他生活行為

遊戲行為

學習行為

6 對環境突然的聲響或較大的音量，感到害怕！

□ 睡覺時，容易受環境中的聲音干擾而醒來。
□ 對警報器、鳴笛聲或廣播聲會特別的害怕。
□ 易聽見環境的背景音，問：這是什麼聲音。
□ 當大人提高音量說話，會感到緊張與焦慮。
□ 聽到旁邊其他孩子在哭，會忍不住跟著哭。
□ 對新環境的警覺性高、需要一段時間適應。

　　嬰兒從出生後，就開始接收環境中各種的聲音刺激，從聽覺認識環境、辨識熟悉的照顧者以及發展出語言與認知能力，聲音刺激猶如給成長中的孩子，一場學習與冒險的音樂會，讓孩子從照顧者聲音的大小中感受大人的狀態、透過自己發出的聲音表達需求和從聲音複雜度判斷所處的環境是否安全。

　　對突然發出的聲音嚇一跳、在吵雜環境待一陣子感到不舒服而想離開，都是大腦正常的反射與保護機制起作用，好讓聽覺保持一定的敏感度。當孩子被吵雜的環境、突然發出的聲響或較大的音量嚇到，而出現哭泣、焦慮、摀耳朵或想離開、當下不易被安撫或轉移，且儘管有幾次經驗還是會害怕跟緊張，甚至影響到正在進行的活動表現，那麼孩子可能是對聽覺的敏感度較高，需要技巧性的引導與陪伴，以讓孩子能因應不同的環境，好好的學習與遊戲。

原因與影響

❶ 先天氣質敏感

　　即對環境中刺激的反應與事物的感受比一般人強烈。高敏感指的是一種人格特質，研究發現 15 ～ 20％的孩子先天是敏感的。通常對新環境的適應力低，需要時間才能與人建立關係和對事物產生熟悉感，一旦穩定後，就會有很棒的表現。

❷ 感覺調節異常與低閾值

　　大多數人能接受、感到無害的刺激，對聽覺敏感的孩子可能會變成無法忍受的噪音。因大腦把刺激過度解讀，認為是「有害、具威脅性」的刺激，屬於感覺過度敏感型。啟動感覺刺激的開關稱為「閾值」，當刺激高於閾值，大腦即做出反應，低於閾值則自動忽略不處理。聽覺敏感（低閾值）的孩子，大腦的偵測器不但容易被啟動，加上感覺調節異常，刺激就會被放大檢視。

▲ 感覺調節異常，刺激就會被放大檢視。

❸ 成長環境的聽覺刺激少

　　從小操作聲光玩具的經驗少、大人與孩子對話的頻率低、大人說話的音調平淡少起伏、不常帶出門與外界互動等，主要來自成長環境的刺激量不足所導致，對聲音的認識少，因此音量大就容易受到驚嚇。孩子容易伴隨有語言表達的問題，因為是受後天環境影響，故透過引導與訓練可大幅改善。

用餐行為

穿衣與盥洗行為

日常移動行為

其他生活行為

遊戲行為

學習行為

試試這樣做

✅ 聽有聲故事與操作有聲遊戲書

> **Point** 增加孩子對不同聲音的認識

　　有聲故事帶給孩子豐富的創造力，由說書人講出的內容，可激發孩子對故事畫面的想像。此外，有聲故事會因應角色，而有不同的語調起伏，可以玩從聲音猜角色和模仿聲音的遊戲，增添趣味性。至於按壓遊戲書，能帶孩子認識交通工具、動物跟日常生活用品所發出的聲音，做認知學習。

✅ 做「事前預告」功課

> **Point** 讓孩子有心理準備，將非預期盡量降至可預期

　　當大人知道即將要去的目的地環境相對吵雜，像是：參加婚禮、至廟裡拜拜、熱鬧的遊戲室等，應事先告知孩子到達目的地時，可能會聽見的聲音；並使用正向、趣味的描述，像是「大笑跟尖叫是因為玩得好開心」，給孩子期待感。若沒有經驗過，可先從網路上找尋相關情境的影片，讓孩子感受。

✅ 教導當下的調適技巧

> **Point** 在孩子狀態好時，建立專屬的親子魔法

　　已知參與的場合有無法離開的考量，除了預先告知外，也可與孩子一起挑選安撫物並帶著出門，像是：玩具車、絨毛娃娃或拼圖。當害怕時，使用預先建立好的親子魔法，像是：撫摸他的胸口、拍拍背或緊緊抱住給他勇氣。記得先在家中練習，由內建立才好向外延伸。若當下無法遵守約定也切勿責備，持續帶孩子外出，給予練習的機會。有些孩子會注意環境中細微的背景聲，大人只需同理孩子，像是：「媽

媽知道你聽到小小的聲音了」，並直接引導到：「沒關係，你現在是安全的！」提供孩子安全感。

✅ 不急著帶離現場

> **Point▶** 給大腦一段適應時間，先同理再解釋，接著才是處理

當孩子感到害怕時，不需馬上離開。孩子愈是焦慮，大人愈要安定，用低沉且堅定地口吻先同理，幫他說出當下感受，如「媽媽知道你現在好害怕」，同步引導孩子說出心情，如「我不喜歡這個聲音，聽起來好可怕」；接著解釋聲音，如「這是機器轉動的聲音，就像家裡的吹風機，只是比較大聲」，最後是處理，如「從 1 數到 20 就離開」或「長針到 6，再 5 分鐘就離開」。讓孩子知道大人允許他害怕，同時也會陪伴他度過。別忘了事後的鼓勵，讚美孩子有努力忍住、想要克服的心。

✅ 將聲音做比喻

> **Point▶** 重新詮釋聲音，增加對聲音的接受度

找出孩子日常感到害怕的聲音，可能是吹風機、垃圾車、汽車喇叭、廣播聲、小朋友的哭泣聲等，將他們比喻成不同動物的叫聲或舉出和生活中哪些常聽的聲音相似，透過想像增添趣味性與熟悉感。

✅ 挑選合適的場所並營造有聲情境

> **Point▶** 漸進式練習，讓孩子慢慢適應與接受

剛開始訓練時，在可選擇環境的情況下，宜先避開孩子感到焦慮的場所，如優先挑選座位少的餐廳（座位方向可以朝外，看得到大環境為主）、選擇人少的時間點去遊戲場等。至於在家玩遊戲可播放不同的背景音樂，或睡前聽安撫的歌曲，提供孩子多元且持續的聽覺輸入。

用餐行為

穿衣與盥洗行為

日常移動行為

其他生活行為

遊戲行為

學習行為

親子遊戲這樣玩

① 聽聲聯想

工具
- 1 張白紙
- 1 組畫筆或一些圖片

玩法

❶ 想一想生活中哪些聲音是孩子容易關注到、不喜歡或害怕的（如廣播聲、機器聲、哭聲、尖叫聲等），用示意圖呈現，可畫在紙上或從網路找圖片印下來。

❷ 發揮想像力，把這些聲音變成其他的新聲音，新聲音可以是逗趣、創意、生活常聽到的。

❸ 將轉換聲音的步驟，取名為「轉轉功」。例如：打雷聲→爸爸的打呼聲、廣播聲→大手機的聽筒聲、尖叫聲→老鷹在唱歌。

進階

玩快問快答遊戲，請孩子抽製作好的圖片卡，並用轉轉功變換成新的聲音，回答時還可搭配肢體動作，讓遊戲更為生動。

Tips 讓孩子用有趣的想像，降低對害怕聲音的反應。

❷ 小小鼓手

工具
● 一些小物品（彈珠、豆子、錢幣、小積木）
● 一些不同材質的容器（寶特瓶、紙箱、不鏽鋼、塑膠罐、木頭盒）
● 一些敲打棒
● 不同節奏的音樂

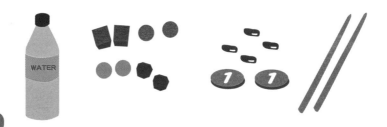

玩法

❶ 將寶特瓶裝入不同的小物品，當成蛋沙鈴。把不同材質的容器當樂器，想像自己是鼓手，讓孩子隨意敲敲打打，或跟著音樂、大人的節奏敲打。

❷ 改變遊戲元素，可設定音量和速度，如 1 ＝最小聲、5 ＝最大聲，而速度有慢、快、超快三段可選，增加趣味性。

❸ 先觀察孩子能接受哪些材質的樂器，覺得害怕或刺耳的先自己敲，較能接受聲音大人再加入，來個雙重奏。

進階

熟悉各種聲音後，跟孩子玩「聽聲音猜一猜」，猜出大人敲的是什麼樂器。

 Tips 熟悉生活中的各種聲音，以增加孩子對不同聲音與音量的接受度。

用餐行為

穿衣與盥洗行為

日常移動行為

其他生活行為

遊戲行為

學習行為

7 對剪頭髮感到排斥和抗拒！

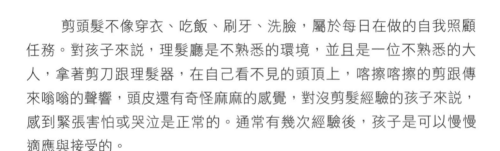

☐ 知道要剪頭髮，會出現尖叫、大哭等抗拒的情緒反應。

☐ 特別害怕電動理髮器，相對較可接受單純的剪刀修剪。

☐ 日常的臉部清潔，如刷牙、擦臉、洗頭髮會比較排斥。

☐ 頸部以上相對敏感，觸摸到脖子或臉頰會想要閃躲。

☐ 身體其他需要修剪的部位，如對剪指甲會感到害怕。

　　剪頭髮不像穿衣、吃飯、刷牙、洗臉，屬於每日在做的自我照顧任務。對孩子來說，理髮廳是不熟悉的環境，並且是一位不熟悉的大人，拿著剪刀跟理髮器，在自己看不見的頭頂上，喀擦喀擦的剪跟傳來嗡嗡的聲響，頭皮還有奇怪麻麻的感覺，對沒剪髮經驗的孩子來說，感到緊張害怕或哭泣是正常的。通常有幾次經驗後，孩子是可以慢慢適應與接受的。

　　但有些孩子對剪髮會出現極大的情緒反應。小男孩頭髮明明長到遮住耳朵，寧願跑給父母追也不要剪；小女孩知道要剪劉海或頭髮，就開始尖叫，大人總要半強迫加各種利誘，讓孩子短暫妥協，但下次要剪髮時依然遇到相同的狀況。從反應強度與適應速度我們可以判斷，孩子可能有感覺過度敏感的問題。

原因與影響

❶ 認知剪刀是危險的物品

　　剪刀因與涉及安全問題，大人在教育上自然會不斷提醒孩子剪刀是危險、會導致受傷的工具。若已有剪刀操作經驗的孩子，相對會特別的謹慎與小心。

❷ 對身體部位的功能尚未了解

　　孩子認為自己的頭髮，就像指甲之於身體，是皮膚的一部分，以為剪頭髮就像身上的一塊肉不見了一樣，會感到相當害怕。

❸ 部分皮膚對觸覺刺激敏感

　　也許孩子對肢體、軀幹的觸覺刺激是正常的，但明顯對脖子以上的感覺刺激，會有比較大的反應。像是剪髮過程給頭皮的拉扯感、頭髮掉到脖子上的刺刺感、理髮器給頭皮的震動感等，大腦將這些感覺放大，導致孩子無法接受（與上述 2 點會相互影響，讓刺激的效果加成）。

試試這樣做

✅ 增加對剪刀的認知

> **Point** 建立剪刀是生活的好幫手

　　與孩子分享，剪刀除了把紙剪斷外，還可以剪頭髮，讓我們的外表看起來更帥氣或美麗。剪頭髮就跟爸爸用刮鬍刀把鬍子刮乾淨、小狗剃毛一樣，是打理外表的工具小幫手。只須告知操作時的安全，不需特別建立剪刀是可怕的連結。

用餐行為

穿衣與盥洗行為

日常移動行為

其他生活行為

遊戲行為

學習行為

✅ 認識更多身體部位的功能

Point▶ 分辨哪些是需要修剪、剪短會再長回來的

教導孩子身體哪些部位需要修剪，有指甲、頭髮和鬍子，它們的功能是什麼；並教導這些部位需要定期修剪的原因，如像公園的小草和樹葉，也需要定期照顧及整理，連結到給人外表的好印象、衛生清潔的問題，讓孩子更理解。

✅ 提供與剪頭髮相關的素材

Point▶ 透過繪本、影片與照片，讓孩子清楚剪頭髮的過程

繪本是孩子對未知的生活經驗很好的鋪陳，可想像的畫面會讓孩子感到安心，有足夠的心理準備去面對害怕跟擔心的事情。讓孩子理解剪髮的整個過程、被同理害怕的心情，以及勇敢克服後的成就感與不同造型給人不同的印象。大人也可從網路上找兒童剪髮的相關影片，或大人自己剪髮時，讓孩子在旁邊看。也可以在孩子剪髮的當下，從後方或上方拍照片，同步讓孩子看。

▲ 兒童剪髮的相關繪本讓孩子理解剪髮的整個過程。

✅ 玩理髮的辦家家酒遊戲

> **Point** ▶ 認識設計師的工作，對剪髮增添好感

認識美髮設計師的工作內容，像是會用到哪些工具、要怎麼把頭髮剪下來、剪頭髮時會聽到什麼聲音，可以邊玩邊模擬發出來。同時與孩子分享叔叔跟阿姨用剪刀很厲害，就像你每天用湯匙、筷子吃飯一樣的熟練，不會讓我們受傷，請孩子不用擔心。

✅ 預先告知剪髮的日子

> **Point** ▶ 陪孩子一起做安心功課

在行事曆上，預先標記剪頭髮的日子。大人可以營造輕鬆的氛圍，與孩子討論這次想要剪什麼樣的造型呢？要像哪個卡通機器人帥帥的，還是像哪個娃娃一樣可愛呢？可以在前一週就提醒孩子，甚至提早去理髮店跟阿姨先打招呼、看別人剪頭髮、討論剪髮要媽媽抱著還是自己坐著、帶什麼玩具或當下想看什麼影片都可以先做約定， 讓孩子做足心理準備。

✅ 持續鼓勵與陪伴

> **Point** ▶ 在每次經驗中找出孩子值得鼓勵的行為，肯定他

事前做好的約定，若當下無法履行，切勿責備孩子。立即提供一個時間，像是「長針指到 6，我們就下來」讓孩子知道要待多久，並找出可以讚美的好行為，像是「你今天剪頭髮好勇敢，像超人一樣，媽媽相信下次你可以做的更好」。

用餐行為

穿衣與盥洗行為

日常移動行為

其他生活行為

遊戲行為

學習行為

親子遊戲這樣玩

① 臉部按摩師

工具
● 1 瓶乳液
● 1 組刷具（軟刷、梳子、毛巾、沐浴球）
● 1 顆乒乓球

玩法

① 大人與孩子輪流，幫彼此按摩頸部以上的位置。

② 提供不同的按摩部位，像是臉頰、嘴巴周邊、眼窩、耳朵、頭皮。可詢問孩子，「今天想要按摩哪裡？」

③ 按摩速度放慢，若孩子不喜歡，可告知再按摩幾下就結束，或讓孩子先自己按，再改為大人幫孩子按。

④ 力道以深壓為主，可使用乒乓球或改變刷具提供不同觸感。

⑤ 可以替按摩設計路徑，像是「在頭皮畫 5 個大圓圈」、「在臉頰上寫數字 2」。

Tips 挑固定時段，做為與孩子專屬的獨處時光。建議在放鬆、愉快的時段進行，如洗澡或睡前。

② 我是理髮師

工具
- 1 把剪刀
- 1 組紙杯或蛋糕盤
- 一些裁切好的紙條／毛線
- 1 瓶白膠
- 1 捲雙面膠

玩法

❶ 將紙條或毛線，繞著紙杯或蛋糕盤貼一圈，像是一張人臉或一頭多毛的獅子。

❷ 請孩子幫他們修剪頭髮，做出不同的造型。

進階

將紙條貼在帽子上，請孩子戴著帽子讓大人來剪，模擬剪髮時剪刀靠近臉頰的感覺。

Tips 自己動手可以增加孩子對剪頭髮的熟悉感與趣味性。

用餐行為

穿衣與盥洗行為

日常移動行為

其他生活行為

遊戲行為

學習行為

8 精力旺盛，不容易入睡。

□ 活動量相對一般孩子大，切換靜態活動有困難。
□ 無法配合學校中午作息，影響老師和同學休息。
□ 總要撐到累了才願意睡，容易有情緒會鬧脾氣。
□ 晚睡早起影響生活作息，早上精神差影響學習。
□ 團體中容易有規範問題，做出好行為的經驗少。

　　身邊是否有總是充滿電力，活動一整天下來，也不會覺得累的孩子？大人反而因為孩子過於好動的狀況，需要不斷管教與約束而感到疲累。孩子體力好、精神佳，從生活與學習角度看是很棒的事，有足夠的體力應付生活中的大小事，也給人充滿活力的正面形象。但若遇到應該靜下來的場合卻無法配合，且偏偏剛好是每日都得經歷的生活作息，像是學校的午休時間，就是困擾的開始。

　　先觀察孩子一整天的活動內容與飲食狀況，做了哪些動態和靜態遊戲？三餐與點心吃了哪些食物？從活動中了解孩子一整天能量消耗的程度，是不是我們提供的環境給予太多不必要的刺激，讓原本已經精力旺盛的孩子變得更加興奮，甚至孩子其實已經累了，但自己察覺不到，表現還想玩的樣子讓大人誤會，這中間要觀察的細節，比立即找出一套管教策略，還來的更是重要。

原因與影響

用電池的電量來比喻，正常的體力是 100％，而精力旺盛孩子，可能是 150％ 甚至更高。與其說孩子體力佳，不如解釋為大腦轉不停，始終無法靜下來，造成孩子經常處在較興奮的狀態，是大腦警醒度出了問題。

警醒度是指大腦神經系統活絡的程度，讓人能維持在一個清醒的狀態下學習與生活。

大腦警醒度狀況表

	一般的孩子	體力高於一般的孩子
生活表現	● 該休息的時間，能配合入睡。 ● 動態轉靜態活動，能順利轉換。	● 該休息的時間，感到入睡困難。 ● 沒有適當消耗體力，靜不下來。
大腦警醒度	● 在一個正常範圍內。 ● 幫助孩子做出符合情境的要求。	● 明顯高於正常範圍。 ● 對環境的刺激太過敏感，給人精神好、活動量大、坐不住的感覺。

用餐行為

穿衣與盥洗行為

日常移動行為

其他生活行為

遊戲行為

學習行為

試試這樣做

✔ 安排適當的體能活動

> **Point** 規律且持續的進行，建立習慣才是關鍵

　　讓孩子體力用在對的地方，無論是跑步、騎腳踏車、溜直排論、游泳或各式的球類運動都很好。運動能有效的整合大腦與神經系統，讓過高的警醒度下降，往正常的範圍走。最好能結合作息，安排在固定的時間，若父母工作忙碌無法規律陪伴，幼兒園的課後才藝是一個選擇，尚未讀書的孩子，可至親子館或公園遊戲場放電。

✔ 控制飲食與點心種類

> **Point** 親子間做食物約定，不在孩子面前吃被禁制的食物

　　許多研究顯示，含有咖啡因、精製糖和甜味劑的食物，容易導致興奮，如巧克力、餅乾。另外，攝取過多碳水化合物與精緻澱粉，如麵包、麵食，會使體內鋅跟鎂離子下降，鋅與鎂有穩定情緒的功能，幫助孩子控制情緒與行為。每周可安排一天自由日，讓孩子選擇他喜歡的食物，避免過度限制。

✔ 睡前營造放鬆的環境

> **Point** 預留睡前的緩衝時間，不倉促趕著孩子上床

　　不易入睡的孩子，需要更多的時間來醞釀睡眠。睡前一個小時，不建議使用手機、平板與電視，前半小時的空白時間，可安排靜態活動，而後半小時則由大人陪同孩子進房，在床上聽故事或聊聊天。還可放音樂、將燈光調暗或用天然精油搭配香氛機，給孩子不一樣的睡眠環境，幫助他放鬆好入眠。

✅ 提供適當的觸覺安撫

Point ▶ 不強迫眼睛要閉上，而是提供感覺讓孩子感受

提供觸覺、規律的撫摸或深壓覺，是幫助情緒穩定很好的感覺輸入。準備睡前專屬的絨毛娃娃、撫摸和輕拍孩子的背部或肢體，若躺不住一直翻來覆去，可試著改成趴睡，趴姿就像靠在大人的胸膛般有一種安撫的效果。

✅ 與孩子做午休小約定

Point ▶ 漸進式拉長躺著的時間，並給明確的等待時間

讓孩子明白中午睡不著沒關係，但不能發出聲音影響他人。幼兒園午休時間較長，避免孩子對午休感到排斥，可做行為約定，如「安靜躺 15 分鐘，長針指到 10 就可以起來」，等待期間必須先在大人旁邊安靜 10 分鐘，有配合才能當小幫手，完成老師指派的靜態任務。

▲ 運動能有效的整合大腦與神經系統，讓過高的警醒度下降，往正常的範圍走。

197

用餐行為

穿衣與盥洗行為

日常移動行為

其他生活行為

遊戲行為

學習行為

親子遊戲這樣玩

1 我的空白遊戲清單

工具 ● 1 張紙張　● 1 組畫筆　● 1 捲膠帶

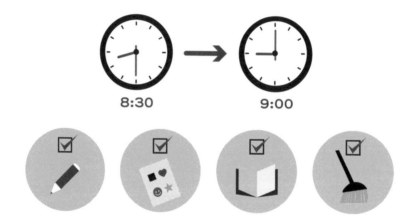

8:30　　　　9:00

玩法

1 請孩子想一想，進房間的前半小時可以玩的遊戲，並將遊戲畫成清單，貼在牆壁上。

2 孩子列舉的活動若不適合，大人可告知該活動適合的執行時段，像是應該排在假日或下午 6 點前。

3 適度給予建議，像是閱讀繪本、拼圖、畫畫、玩貼紙書等靜態遊戲。

Tips 不能安排 3C 和容易興奮的動態遊戲，而是能讓大腦能處在平靜狀態的靜態遊戲為主。

② 親子瑜珈

工具　● 輕音樂
　　　　● 1 張瑜珈墊或軟墊

玩法

❶ 挑選一首靜心的輕音樂，與 2 ～ 3 組親子互動較密切的瑜珈姿勢。

❷ 初期的練習先固定幾組動作就好，讓孩子習慣。

❸ 進行 15 ～ 20 分鐘，過程大人要留意孩子的動作是否正確，避免受傷。

進階

可以搭配撫摸或規律擺動。像是變成樹懶跟大人玩抱抱遊戲，並做緩慢的左右搖擺，或趴著讓身體平貼在地面上，享受緊貼的感覺。

Tips 藉由觸覺安撫與舒適擺位來放鬆身體，幫助入眠。

幼兒生活技巧與感覺統合遊戲 ❶ 生活篇

圖解 **28 個生活遊戲 ＋ 118 個行為改變提案**
幫助孩子成長不卡關

作　　　者	林郁雯、柯冠伶、陳姿羽、牛廣妤、林郁婷
選　　　書	陳雯琪
主　　　編	陳雯琪

行 銷 經 理	王維君
業 務 經 理	羅越華
總 　編　 輯	林小鈴
發 　行　 人	何飛鵬
出　　　版	新手父母出版 城邦文化事業股份有限公司 台北市中山區民生東路二段 141 號 8 樓 電話：(02) 2500-7008　傳真：(02) 2502-7676 E-mail：bwp.service@cite.com.tw
發　　　行	英屬蓋曼群島商家庭傳媒股份有限公司城邦分公司 台北市中山區民生東路二段 141 號 11 樓 讀者服務專線：02-2500-7718；02-2500-7719 24 小時傳真服務：02-2500-1900；02-2500-1991 讀者服務信箱 E-mail：service@readingclub.com.tw 劃撥帳號：19863813 戶名：書虫股份有限公司
香港發行所	城邦（香港）出版集團有限公司 香港灣仔駱克道 193 號東超商業中心 1F 電話：(852) 2508-6231　傳真：(852) 2578-9337 E-mail：hkcite@biznetvigator.com
馬新發行所	城邦（馬新）出版集團 Cite(M) Sdn. Bhd. (458372 U) 11, Jalan 30D/146, Desa Tasik, Sungai Besi, 57000 Kuala Lumpur, Malaysia. 電話：(603) 90563833　傳真：(603) 90562833

封面設計 / 鍾如娟
版面設計、內頁排版、插圖繪製 / 鍾如娟
內頁圖片提供 廖泱晴、廖星晴
製版印刷 / 卡樂彩色製版印刷有限公司
2023 年 09 月 26 日初版 1 刷　　　Printed in Taiwan
定價 400 元
ISBN：978-626-7008-47-8（紙本）
ISBN：978-626-7008-57-7（EPUB）

國家圖書館出版品預行編目 (CIP) 資料

幼兒生活技巧與感覺統合遊戲 1：生活篇〔圖解〕28 個生活遊戲 +118 個行為改變提案，幫助孩子成長不卡關 / 林郁雯、柯冠伶、陳姿羽、牛廣妤、林郁婷著 . -- 初版 . -- 臺北市：新手父母出版，城邦文化事業股份有限公司出版：英屬蓋曼群島商家庭傳媒股份有限公司城邦分公司發行，2023.09
　面；　公分
ISBN 978-626-7008-47-8(平裝)

1.CST: 育兒 2.CST: 兒童遊戲
3.CST: 感覺統合訓練

428.82　　　　　　　112013865